与自己相逢在人生更高处

苏婉婷 著

中国工人出版社

目 录

第 1 辑　从当下起，你值得过更好的人生

第 2 辑　接纳自己，不需要任何条件

第 3 辑　你的身体，是一切美好的开始

第 4 辑　让生命的能量自然而然地流动

第 5 辑　用心生活，在现实中体验人生的真谛

第 6 辑　真我，不是随机的选择，而是一生的坚守

第 7 辑　从容前行，与自己相逢在人生更高处

第 1 辑

从当下起，
你值得过更好的人生

觉醒，是人生最大的动能

我上中学时，班里有一个很灵秀的女孩子，皮肤白皙，身段柔软，能歌善舞，在体操课上可以毫不费力地下腰、劈叉，是天生的舞蹈家料子。在校庆晚会上，一曲袅娜的古典舞惊艳了所有人。

她父母经商，家境殷实，笃信女孩子应该安安稳稳度过一生，只等她高中毕业之后，寻觅另一个殷实的家庭，嫁过去做太太，再不用为衣食奔波。

在这种思想的影响下，我们都还为高考熬夜苦读的时候，她就像只闲云野鹤，每天背着书包早早回家，晚自习也不上，只要应付一下毕业考试就行。她天资又那么聪慧，轻轻松松就能毕业，在家赋闲两三年后，就早早结婚了。

奇怪的是，她一结婚就像人间蒸发了一样，我几次回家乡参加同学聚会，都不见她到场。同学们谁都没有她的联系方式，她似乎切断了与所有旧交的联络。大家议论纷纷，都猜测她是不是移民国外了。

又过了好几年，终于在一个女同学静静口中，得知了她的近况。

由于婚后一直没有生育，她去医院检查，被告知因为身体原因，很难受孕。不知是否因为这个原因，她在经历了被家暴、被劈腿等狗血事件之后，才不到三十岁就离了两次婚。人生受此重挫，心灰意冷也是难免，她只身远走，漂泊他乡，做过商城的导购员，做过保险公司的业务员，生活一直没稳定下来，后来在妹妹的帮助下，开了一家小火锅店，生意还不错，终于不用再为衣食担忧，但是也再没有结婚，至今孑然一身。

这样的人生，与她父母当初的期待真的相差太远。

“她还跳舞吗？”我问。

“跳不了了，现在很胖。”静静黯然地说。

据静静说，她现在白天守着火锅店，晚上闲暇时就玩玩手机游戏，朋友圈里转发的也都是庸俗段子，俨然成了一个身材肥胖、言语乏味的妇人。

我想起多年以前，她站在炫目的舞台上翩翩起舞，在轻盈柔美的动作之间，一头齐腰秀发飘舞如黑色的绸缎，台下掌声雷动……

有一段时间，我住在北京一个老旧的小区里。每天早上，窗下的空地上都坐着一大堆闲聊的人，有男有女，都是中年以上的年纪。他们每天起得很早，在我起床之前，差不多已经聒噪一两个小时了。

当时是夏天，我住在一楼，早上开窗透气，他们的声音就像在耳边一样听得清清楚楚。每天的谈话内容都差不多，夫妻不和、婆媳矛盾等各种家庭争端，物价上涨、生活艰难等各种日常抱怨，他们的话题陈旧而琐碎，日复一日毫无新意，挥霍着每天的大好晨光，成为我每天早上刷牙洗脸的背景音。

有一天早上，从他们身边经过，在走进地铁站的这一段路上时，我突然想到一个问题：这个世界上真的有很多人，一生都很少阅读，不曾写作，甚至都不太思考。就像我的邻居们，他们把生活背景镶嵌在胡同里的老小区里，一生都在很小的范围里挪腾辗转，活得狭窄而局促。他们有没有值得骄傲的过往？他们当中，难道就没有一个人有与生俱来的天赋和优秀的特质？为何如今他们看上去一模一样地面目模糊，神情委顿？

而我和身边的另一些人，自诩知性而理智，不是也一样面临着这样那样的难题，活得内外交困，与自己期待的样子相去甚远？

我们到底是被什么磨灭了生命的灵性之光？我们又到底如何从庸碌沉闷的现实生活中突围？

我一直认为，平凡并不意味着平庸。很多人过着平凡的生活，但他们的内心有力量，眼里有光彩。怕的是，我们在凡尘俗世中，被诸多桎梏束缚困扰，活得庸碌匮乏却还不自知。

生命从匮乏到饱满，有一条必经之路，叫作觉醒。

作家周国平说过，人生有三个基本的觉醒——生命觉醒、自我觉醒、灵魂觉醒。

最先，是生命的觉醒。

我们来到这个世界上，每个人都是一个鲜活的生命，都有自己内在的宏大力量，但是很多人都忽略了这种力量，更不会运用这种力量，而是以追求外在形式的方式来不断巩固自己的存在感。作为一个生命本身，我们有自己独特的内心需求，这是我们真正永恒的需求。一个人要想活得充实饱满，必须学会聆听自己的渴求，满足自己的内心需要，要知道，这是生命最本能、最本质的需要。

之后，是自我的觉醒。

在这个世界上，我们每个人都是不可复制的，独一无二的生命体。最应该为你的生命负责的，就是你自己！可惜的是，有多少人在生活的浪潮中随波逐流，他们的活法是被别人决定的，就像我那个很会跳舞的女同学。他们从未觉醒过，所以他们对这种被别人操纵的命运从不反抗，甚至都不曾反驳。但是这种错误的认知，最终酿成的人生苦果却像毒药一样，让人难以吞咽。

你只有一次生命，你的活法应该由你自己决定，你不需要为任何人的荣耀、面子、期待负责，更不必背负他人强加给你的负担。

觉醒到这一点，你就能做你自己的主人，活出真正的自己。

最后，就是灵魂的觉醒。

灵魂的觉醒，是一个从外求转向内求的过程，需要的是智慧。

人一旦有了一个精神上的目标，也就抵达了灵魂觉醒的境界。这样的人，不论成败、贫富、得失、祸福，皆能当成人生的修炼，既不会纠结困惑，又不会患得患失。他们信念坚定，做事执着，脚踏实地做事，不卑不亢做人，每一步，都坚实地走在通往人生目标的道路上。

通常我们都觉得，遭遇失败，从未被幸运眷顾，是人生最糟糕的际遇。殊不知，活得蒙昧，才是人生最大的梦魇。

有些人，终其一生都没有好好了解过自己，终其一生都没有挖掘和释放出自己的潜能，反而把时间、精力和才华浪费在无谓的事情上。他们本可以过上更好的生活，却任由自己的天资和能量被粗粝的生活一天天磨灭，一生都活得不舒展，不通透，却始终找不到原因，在人群中郁郁寡欢。

觉醒，是人生最大的动能。

我们如果能够做到潜下心来，认真思索自己生而为人的使命，认真思索自己是一个什么样的人，想成为什么样的人，正视自己的内心渴求并为之有所行动，就走出了觉醒的第一步。

人一旦开始觉醒，就会拥有豁达的心态，内心能与外界的种种遭遇保持距离，心情不会由于外界的干预而产生大幅度的波动，成为一个不再受情绪支配的，内心强大稳定的人。而这种稳定的内心力量，于做人做事都大有裨益，是走向成功的重要保障。

生命的觉醒，让我们得以活得快乐纯粹；自我的觉醒，让我们得以实现人生理想，体现个人价值；灵魂的觉醒，得以抵达生命自由的境界。

觉醒的过程，就是一个为生命赋能的过程。早一天踏上觉醒之旅，就早一天启动充实、自在的人生。

明心见性，活出自己

前阵子在网上看到一条新闻，一个30岁的上班族辞去稳定的工作，跑到云南的乡下，租了一个带院子的房子，自己种花种菜回归田园生活。

有媒体采访她为什么会做出这样的选择，她说：

“从23岁大学毕业之后，我跟着室友选择考研，努力了将近一年，我没考上只好开始找工作。工作之后，每天不是在上班就是在上班的路上，没有真正属于自己的时间。过了两年，我的工作、收入都稳定了，但我依旧没有自己的时间，加不完的班、做不完的工作，在别人眼里我过得光鲜亮丽，在家人眼里我是亲戚用来教育孩子的模范样本，可我一点都不幸福，内心极度空虚，我发现除工作以外自己的生活一片空白。

“终于，在我30岁生日那天我决定辞职，去寻找真正的自我。我开始旅游，用将近一年的时间走过了半个中国，来到云南之后，我发现自己很喜欢这里，在这里我的内心无比安宁，所以决定在这里定居。

“我租下了这个房子，按照自己的想法整体翻修，在院子里开出一片地种一些蔬菜水果，绕着房子种些花花草草。每天早上很早就起来看看院子里的菜，折几枝花放在房间里，上午看看书练练字，午觉之后就坐在门口吹吹风看着太阳落山，生活很悠闲。我可以自由支配时间去做我想做却一直不能做的事情，我感觉现在的我才是真正的我，整个人都变得很柔软，每天都被幸福包裹着。可能在别人眼中我这种行为很疯狂，他们会认为我抛弃了自己的前途而选择做一个‘废人’，但是我觉得恰恰相反，我找到了内心真正想做的事情。”

可以说，这个姑娘选择的并不是一种主流的生活。但那又有什么关系呢？无论是在都市奋力打拼，还是在小城悠闲度日，只要是自己选的路，心里没有纠结，日子过得坦然，那么就一切皆好。

古斯塔夫·勒庞在他的心理学著作《乌合之众》一书中，阐述了群体以及群体心理的特征。书中指出当个人是一个孤立的个体时，他有着自己鲜明的个性化特征，而当这个人融入了群体后，他的所有个性都会被这个群体淹没，他的思想立刻会被群体的思想取代。

现在，有很多大学生在毕业之后选择到北上广找工作，如果问他们为什么要来大城市，有些人能说出自己明确的目标和规划，有些人却对自己做出这种选择的本意模糊不清。似乎是因为大家都选择了这样一种生活方式，所以也就随大流地想来闯一闯——因为有很多人来，所以有更多人来，未来还会有更多人来……

我认识的一个姑娘刚毕业就去了北京，刚到北京的时候，她看着那些高楼大厦，想到自己要在里面上班就感到特别兴奋。新鲜感一过，慢慢发现自己并不喜欢当下的生活。她说，刚到大城市什么都不懂，生怕哪句话说错了露了怯。在公司里，别人做什么她就跟着做什么，有很多事情是她不喜欢的也不敢说，时间一长发现自己习惯了随波逐流，迷失了自己，仿佛陷入了黑洞再也找不到一丝光亮。

我相信这样的人为数不少，“逃离北上广”一度成为网络热词。“留”还是“走”成了一个特定群体的集体纠结。

我相信，只要想清楚自己是一个什么样的人，想过什么样的生活，眼睛不再看着别人，这个问题就不是问题。生活中的选择都是这样，明确了自己的内心，就能坚定地做出选择，不再像钟摆一样来回摇摆。

人都有从众心理。在快节奏的生活中，“很多人”慢慢变成了“一个人”，失去了本心。当一个群体的人数占总体比重较大的时候，我们会认为这个群体掌握了真理，而人是会不由自主地跟随大群体的，这可能是因为人类从古至今都习惯于群居的生活。

随波逐流的人，会失去自身的特性成为群体的一部分，没有自己的思想，没有自己的灵魂，甚至会失去独立思考、判断事情的能力。长时间处在这样的状态中，自身的思想得不到释放，便会影响你的情绪，让你产生对当下环境的叛逆心态，这种心态会使你抵触身边的各种事情，让你觉得烦躁、焦虑而且特别疲惫，你还会发现自己对任何东西都失去了兴趣。这个时候，人就仿佛来到了一个岔路，你是选择认真思考找到内心真正的需求，还是选择继续这样生活，这是需要深度思考的问题。

抛开一系列社会关系的束缚，单说个人的活法，人活一世总要看过世间繁华，总要留下些什么，总要实现些什么。随波逐流固然轻松，不需要做任何努力，别人做什么跟着做就行，可过完这一生你留下了什么？你这一生究竟值不值得？

明心见性，是佛家悟道的一种境界，明心是发现自己的真心，见性是见到自己本来的真性。见到自己本来的真性了，所以说是直指本心。人在遵从了自己的本心之后做什么事都是发自内心的，幸福感就会得到提升。就像那个归隐田园的上班族，她每天的生活很简单，种地、弄花、看书、练字、晒太阳。这些平凡的小事却能给她带来大大的幸福感，因为这才是她内心真正向往的生活。

生活是自己的，怎么过也是自己可以选择的，可能你已经感到对现在生活的不满，也已经想明白了自己内心真正的需求，但没有行动，一切都是空想。人都有一个舒适圈，待在这个圈里会变得懒惰，只有勇敢地跨出这个圈，你才能激发自己内在的潜能，才能更好地遵从内心的声音。

人生苦短，希望我们每个人，都能找到自己的本心，按照它的指引创造自己的世界，过好自己的生活，让人生不留遗憾。

迷茫、痛苦，皆因忘记“我是谁”

“我是谁”是哲学三大终极问题之一，千百年来人们一直在思考“我到底是谁”，却始终得不到正确的答案。为什么几代甚至几十代的哲学家都无法解决这个问题呢？我想是因为人无法跳脱出自身，客观地观察自己，我们被现实贴上了各种标签，为了这些标签努力想要得到别人的认可、赞同，长此以往根本找不到原来的自己，又何谈知道“我是谁”？

我之前的同事佳佳，有一段时间沉迷于探寻自己是谁，一整天都在思考，想到一条就写在便利贴上。午休我路过她的工位时发现工位已经被贴满了，出于好奇我仔细看了看：“传媒公司主力剪辑师”“十几万粉丝公众号写手”“几万粉丝电台主播”“书法爱好者”等一系列名称。

“你这像是在做名片。”我跟她说。佳佳抬头看了我一眼：“你懂什么，我这是在思考我是谁，这些都是我。”我继续看那些便利贴，后面竟然写了“第一批少先队员”“连续三年三好学生”“英语竞赛第一名”……我很是无语，默默回到自己的工位，瞧着依旧苦思冥想的佳佳，自己也陷入了沉思。

佳佳可以说像那些玛丽苏电视剧中的女二号，从小被称为“天才儿童”。小学连跳三级，中学休学一年，不但没有留级还考上了市里的重点高中，大学更是考进了国内最好的传媒学校并且拿到了出国留学的名额。毕业之后先是进了央视，待了几年自己觉得央视太死板，便跳槽到我们公司，一年时间就成为公司的顶梁柱。

佳佳人长得很漂亮，身材高挑，性格活泼大方，公司里每个人提到她都赞不绝口，客户也很欣赏她，走到哪都自带光环。可佳佳总跟我说她很迷茫，从小父母就教育她要努力，不能被别的小朋友比下去，要成为班级里最优秀的学生。每到周末就要去各种补习班，上午学钢琴，下午学芭蕾，晚上还要跟家教老师学英语。慢慢地，她自己也觉得变得优秀很重要，还学会了讨别人欢心，老师喜欢什么样的学生她就有样学样。为了跟同学打成一片，她去看自己不感兴趣的书籍和动漫，可每天一回到家就板着脸像戴了一副面具。

她说自己长这么大，做的最自由的决定就是离开央视，当时她父母知道以后特别生气，但佳佳还是毅然决然地辞职了，这些年生活越过越好，越过越稳定，佳佳却越来越不开心，回想起从央视辞职那天，心情前所未有地放松，她开始思考为什么会出现这种感觉，开始思考“我是谁”。

张德芬曾在她的心灵成长著作《遇见未知的自己》中说：“我们人类所有受苦的根源就是来自不清楚自己是谁，而盲目地去攀附、追求那些不能代表我们的东西！”

佳佳的经历其实是大多数人的一个缩影，每个人出生时都是一张白纸，带着自身的属性来到这个世界。在成长过程中，周围的环境会给我们增添这样那样的标签，当然，我们可以选择接受或者继续坚持自我，但是往往在这个环节上很少有坚持自我的人。

人类是群居动物，自己一个人的时候可以做自己，因为没有人会质疑你；当两个人在一起的时候，会考虑对方的要求适当做出改变；当一群人在一起的时候，这种要求变得更多，从而使你无法坚持自己。举个最简单的例子，所有人都喜欢白色，而你站出来说白色不好你喜欢黑色，那么你就会被当成另类，受到嘲讽、排挤，在这个群体里生活不下去，而为了生存，你只好违背本心和大家一起说喜欢白色。慢慢地，你的本心就被尘封起来，虽然融入了大集体，但是你一点儿都不快乐。为什么你得到了大家的赞同、夸奖，却还是觉得不快乐，甚至会觉得痛苦、迷茫呢？因为你逼着自己做并不感兴趣的事情，为了迎合多数人去放弃做一个真实的自己，给自己的内心增添了无谓的烦恼，一味跟随别人的脚步，你会丧失独自探索的能力，成为一个没有主见的人，如果一旦跟随的人改变了方向，你会无法前进而彻底陷入迷茫。

一周之后，我发现佳佳撕掉了桌子上的便利贴，想来她是找到“我是谁”了。当你不再用外界的标签介绍自己，当你发现自己是空白的并有一丝惊慌，这个时候你就找到你是谁了。不用再难为自己去维持身上的标签，不要太在意别人的眼光，做自己喜欢的事，坚持走自己觉得对的路，你会发现这条路鸟语花香，再也不会感到彷徨和痛苦。

藏起来被人找是一种乐趣，找不到则是噩梦

周末早上七点多被朋友安好的电话吵醒，接通电话就听到她撕心裂肺的哭声，我叹了口气问道："又吵架了？"她"嗯"了一声之后开始长达一个半小时对她老公的控诉。

安好跟她老公东旭认识半年，谈了不到两个月恋爱就闪婚。当时我问她是不是有点着急了，她一脸幸福地跟我说："当你遇到对的人之后，根本等不了。"我作为伴娘参加了婚礼，两个人在台上哭得稀里哗啦，我也被感动得一塌糊涂。婚礼结束后，两人去海南度蜜月，而这次旅行并没有想象中甜蜜。到了海南的第三天，两人对是不是要休息一天发生争执。安好觉得好不容易出来玩，而且是两人的第一次旅行，不应该在酒店浪费时间。东旭认为来日方长，从下飞机就没有休息，一直被安

好拉着到处走，他需要好好睡一觉。

两个人争吵不休，最后安好决定自己去玩，让东旭在酒店休息，还没等东旭同意就跑出去了。然后我就接到了安好的电话，跟我抱怨东旭不陪她，也不找她。我陪她一直煲电话粥，听她说着逛街看到的东西。一转眼晚上了，她也逛累了，跟我说东旭一下午没有找她，我听出她语气里的失望，劝她说："其实不至于这个样子，两个人在一起商量着互相体谅啊。"她说："你不懂，这个事很严重，他不陪我出来玩就是不爱我了。"停了一会儿又说："我要藏起来，他不来找我我也不找他，让他着急。"

安好找到一个很偏僻的小酒馆，点了酒边喝边跟我发狠，说等东旭来找她的时候要怎么教训他。没过一会儿，东旭的电话来了，问她在哪儿，一直说她为什么这么晚不回去他很担心，安好特别开心。

从那之后安好就喜欢上跟东旭捉迷藏，经常特意跑出去跟朋友玩却不告诉东旭自己在哪里，乐此不疲。有很多次安好跟我在一起，她给东旭打通电话之后不由分说地就挂了电话，喜滋滋地等着被找到。刚开始，东旭总能在一个小时之内出现，被找到的安好每次都是一脸满足。后来安好加大了游戏难度，变着法躲藏，东旭用来找她的时间也越来越长，东旭没出现的时候，安好越来越着急，也越来越多疑。

终于，两个人爆发了一次很严重的争吵，安好搬到我家住了一周。那一周安好白天跟我抱怨东旭，说他有各种毛病都是自己在迁就而他不知好歹，晚上又抱着我大哭，问我如果东旭真的不要她了该怎么办。问我为什么东旭不理解她，她只是想知道自己在他心中的位置，只是想证明东旭是爱她的。

在爱中我们都渴望被理解，都希望对方能明白自己的欲言又止，懂得自己每句话里的潜台词。可事实呢，谁也不会真正明白，这种像捉迷藏一样用被找到来证实对方与自己心意相通，证明自己在对方心目中的分量的方式，是否就是真爱。没被找到的话就会失落失望，认为对方没把自己放在心上，开始患得患失和多疑多虑，在“他为什么找不到我，他为什么不懂我”中痛苦挣扎。

在一段感情中，我们很容易迷失自己，找不到自我，就想从伴侣身上找到自身价值。把希望寄托在别人身上，会使结果变得不可控。比如今天你的另一半心情不好，这会影响他对你的态度，他因为心情不好而对你态度冷淡，你却会觉得他不爱你了，是不是自己哪里做得不好。

我看过一组漫画，一对夫妻躺在床上准备睡觉，两个人都没说话。妻子脑子里在想：“他为什么不理我，今天怎么不跟我说话？他变心了？有了外遇？我每天在家做家务带孩子他为什么还不爱我？是我哪里做错了？”丈夫脑子里只有一句话：“今天阿根廷竟然输了！”丈夫因为喜欢的球队输了比赛而烦恼，妻子却因为他的态度否定自己。

通过另一半的爱来证明自己是值得被爱的，感觉不到另一半的爱就不幸福不快乐，这个问题的根源在于，思考问题不是以“我”为出发点，而是将他人作为主体。在做什么之前先想：“如果我这么做了，他会怎么想，会不会高兴？”两个人在一起生活，适当地考虑对方的心情是可取的，但是要注意把握好度。无论何时，我们都要把自己当作一个独立的个体，而不是对方的附属品。

女生可以依赖男朋友或者老公，但不要完全失去自我。一个失去自我的人，在一段感情里会始终处在相对低一等的位置。不平等的关系是不会长久的，而且时间长了会很累。你会发现自己总是追着对方的脚步，一直跟在对方后面，找不到属于自己的路。同时，也会让你的另一半逐渐忽视你的存在，越来越不把你放在心上。你得不到他的关爱，也就实现不了自身价值，得不到幸福感，从而陷入恐惧悲伤之中。

感情中藏起来让人找的孩子最终会被遗忘甚至被抛弃，别沉迷在捉迷藏中，告诉另一半真实的自己是什么样子，你的小心思藏在哪里，再让他去找到你，牵着你的手走一生。

其实，不管是在爱情中，还是在与其他人相处中，从别人身上寻找自己的存在感都是不明智的行为。记住，没有什么事情可以让你完全失去自我，也不要在别人的态度中印证自己的分量。你要首先认可和接纳自己，才能迎接整个世界。

生命的困顿转折，
是建立内在力量的最好时机

当遇到困难、挫折时，你会怎么做？抱怨，痛哭，放弃还是勇敢面对？

海伦·凯勒、张海迪、爱迪生等有关面对困难勇往直前的例子，我们从小学就开始听。在经历挫折时，我们会感到痛苦、无力，为什么他们会勇往直前呢？因为他们经历挫折时，把在困难中受的伤害积攒为前进的动力，像在狂浪中的船帆逆风前行。

有一位女诗人叫余秀华，出生在湖北省的一个小山村，因出生时倒产、缺氧而造成脑瘫，使其行动不便、口齿不清。六

岁之前她只能在屋门口爬来爬去，家人先是给她做了学步车，后来又换成了拐杖，最后她好不容易才学会了走路。高中毕业后，余秀华赋闲在家。19 岁那年，父母把她嫁给了比她大 12 岁的丈夫，婚后两人因为爱好不同感情冷淡，余秀华开始写诗，三年后写下了她的第一首诗——《印痕》。

余秀华因为天生残疾没办法像普通人一样生活，但她的内心对正常生活的渴望十分强烈，在写下第一首诗之后激发了她的创作欲望，丈夫看不惯她坐在电脑前写诗，总是嘲笑她，余秀华为了继续写诗就跟他分房住。2009 年，她开始正式写诗，主题大多关于她的爱情、亲情、生活感悟，以及她的残疾和无法走出的偏远山村。她利用一切时间创作，把狂热的情感注入诗歌里，每一个字都仿佛是她的生命在尽情地舒展。余秀华的诗歌中很大一部分是爱情诗，因为包办婚姻的不幸和身体的残疾，让她对爱的缺失有着很深的体会。她从不掩饰对爱情的渴望，她曾说过，她爱过的人虽没几个，但每次结果都很痛苦。

2015 年 1 月，余秀华以“脑瘫女诗人”之名爆红后，优酷邀请范俭为余秀华拍摄纪录片，其间余秀华爱上一个年纪比她大许多的文人，表白遭拒后她哭了一整夜，最后胃疼到吐血。那一整夜，范俭陪着她，没有开机拍摄。她没有因为自己身体的缺陷而放弃自己，相反她觉得自己跟正常人一样有权力追求爱情。她为爱疯狂，为了爱情生病茶饭不思也觉得值得，她要尽情享受她的生命。她的诗歌充溢着爱的躁动与呼唤、爱的幻灭与实现等复杂的意蕴，爱情与其说是其诗歌的主题，不如说是引发诗人对存在、真理、死亡等问题进行本体追问的核心命题。

作为20世纪90年代以来唯一一位书籍销量超过10万册的女诗人，余秀华受到了各界人士的好评，其中作家张莉对她的评价最能概括余秀华的经历："许多人都看到疾病之于这位诗人成名的标签作用，却并未看到她对这种伤痛的领受、消化、沉淀，并最终将其认成命运。疾病给人以疼痛，那就把这疼痛领下，写下；疾病给人以卑微，那就把这卑微体会；和疾病、和疼痛、和卑微，也和大地在一起。疾病是囚笼，写作则是她寻找到的挣脱之路，是自救。写作使她治愈，使她成长。她在试图以诗句使自己整全。"

余秀华在经历先天疾病、不幸婚姻之后没有自暴自弃，没有怨天尤人，而是把这些当作一种经历，当作写诗的素材。评论家说她的诗"烟熏火燎、泥沙俱下，字与字之间，还有明显的血污"。她诗里的每个字，都是她一步一步走过的路和着她的血泪得到的。

生命的困顿转折，是建立内在力量的最好时机。如果能把困难和挫折当成生活对你的磨砺和帮助，就能帮助你找到内心的自己，帮助你成为一个更接近本质的人。

普通人遇到挫折时常常会抱怨，抱怨老天不公，抱怨自己运气差，产生消极情绪，也就是常说的“心态崩了”。殊不知，苦难自有其独特的价值，能获得成功的人会在困难中找到使自己成长的路径。拿破仑曾说过“最困难的时候，也是离成功不远的时候”，经历惊涛骇浪时鼓起船帆，刚好可以借着狂风冲往成功的彼岸。

人生路上发生的每一件事，都是必然的，并且都有它发生的意义。不管是好是坏，当事情发生时我们都应该去坦然接受，把它看作命运的礼物。虽然有的礼物包装不是很精美，还会给我们带来负面的情绪，但是没关系，说服自己的内心去接受，转变态度之后你会发现原来在困境中也可以获得力量。

唤醒本真的自我，才能获取幸福的能量

人终其一生在寻找幸福，而怎样才能获得幸福是需要研究的。每个人对幸福都有不同的定义，有人认为金钱是幸福；有人认为权力是幸福；有人认为被喜欢的人喜欢是幸福；有人认为身体健康就是幸福。这些都是人的需求，通过满足这些需求来获得幸福感，让人觉得满足愉悦。可有的时候，你明明得到了想要的东西却没有感到幸福，那是为什么呢？

我曾经看过一个视频，是对一个公司创始人的采访。这位创始人是位“90后”的姑娘，称她为小A吧。视频中她穿着一件白色T恤，牛仔裤搭帆布鞋，就像大学生一样坐在镜头前面接受采访。记者问她为什么会想到要创业，她回答说：“我创业是为了追寻真正的自我。”

大学毕业之后，她进了一家不错的企业，每天努力工作，收入很可观，下班回到家刷着微博、朋友圈看着美妆博主和朋友晒各种新入的好物：YSL 的口红粉底、SK-2 的化妆品、兰蔻的睫毛膏、CL 的口红；今天男朋友送了一个 LV 的包包，明天自己买了一个爱马仕……小 A 看着这些动了心，也打算买些奢侈品在自己的朋友圈晒晒。她开始做功课追时尚，包包实在太贵下不去手就暂且不提，新出的口红色号一定要买，护肤品一定要用几千块的贵妇面霜，衣服也要穿名牌。

那段时间小 A 过得既充实又紧巴，为了买那些东西成了月光族，一到月底就发愁。而且，她拿到这些东西时，幸福感只能持续一小会儿，过一阵就开始为吃饭问题发愁。那时她的上司看到她每天愁眉苦脸的就问她怎么了，小 A 把自己的情况说了，上司笑着说：“你是还没弄明白自己真正想要什么。”小 A 想了一下：“我想要别人都羡慕的生活啊，我买那些东西晒在朋友圈，别人看见了会羡慕我，我就很幸福，可过了劲儿就会有点空虚，我是不是买的东西不够贵啊？”上司说：“那你就买一件你现在能负担得起但是会肉疼很久的东西吧。”

小 A 回家左思右想，花了几万块把相中了很久的包买了。又等了很久，包终于漂洋过海地寄到了，小 A 拆开快递的瞬间那种幸福感是前所未有的，她当时想：“原来真的是我之前买的东西不够贵，现在我感到幸福了。”可惜这种昂贵的幸福感没过多久又消失了，小 A 又去跟上司倾诉，上司说：“你现在有没有想到，也许这种奢侈品并不是你真正想要的呢？”小 A 恍然大悟，想起之前上学时候穿着简单的衣服，用着自己觉得合适的平价化妆品，每天却过得很满足，一点儿也没觉得空虚。回想这段时间一直在追求虚无缥缈的虚荣心，买奢侈品晒朋友圈，在别人的点赞和评论里找寻自身价值，真的太愚蠢了。

在经历了这段波折之后，小 A 也终于找到了能带给自己幸福和成就感的事情，那就是独立创业，在奋斗中体会酣畅淋漓的幸福。

有人说，人活着努力工作就是为了能吃饱饭，我不完全认同这种说法。衣食住行是人最基本的需求，除这些之外，幸福是人类永恒追求的目标。

怎么才能得到幸福呢？想获得真正的幸福，首先你要弄清楚自己内心真正想要的是什么。

我发现有一个现象，我问过身边的朋友、同事怎样才能让自己感到幸福，很多人会回答“钱”！

我不知道是不是每个人的内心真的是这样想的，当你处在一个功利的环境里，周围的人会将金钱当作评判一个人是否成功的标准，受此影响，你很可能因为一个人有钱而高看他。有些人会觉得有钱就有了全世界，学什么东西之前不再是用兴趣爱好来分辨，而是这个技能我会了之后可不可以用来挣钱。

但是我要提醒你的是，你的内心真是这么想的吗？你真的觉得自己有钱了就幸福了？

网上曾经有一个视频，是一个在路边给人画肖像的大叔，他画得特别好，有人为了让他画一幅肖像不远千里赶来。在视频里，大叔被人群围得水泄不通，穿的衣服很旧但是很干净，头发很长但显得很利索，他拿着画笔仔细观察被画者，捕捉他脸上细微的表情，视频最后展示了大叔的画作，十分惊艳。

后来大叔在网上火了，有人夸他画得好，大叔腼腆地笑了。问他跟谁学的画画，大叔说自己从小就很喜欢画画，年轻的时候是美院的学生，毕业参加工作以后很少有时间静下心来画画，为了能专心作画就干脆辞职了。他说以前的同学很多都成了大师，以前的同事也有在艺术圈混得好的。问他对自己的选择有没有后悔，大叔笑了笑说："每个人都有自己的选择，但是成名并不是我追求的目的，而现在的生活才是我真正喜欢的，我现在这样就很好啊，没有后悔。"

大叔认为画画是他心底最想做也是最需要做的事情，他通过画画来获得幸福感。跟他同期的同学、同事都有了名气，但大叔没有因为他们的成功而懊悔，始终在自己平凡而充实的生活中享受幸福。我想说的是，也许你看着别人的成功，会觉得他们很幸运，可是你不知道他们为了现在的生活付出了什么，这一路上的困难和艰辛，不是每个人都能承受得住的。

追求幸福是每个人的权利，但是要注意倾听内心的声音，找到自己真正的需要，不要盲目地去羡慕和追随别人，否则最后受苦的只有自己。

著名作家毕淑敏在《提醒幸福》中有这样一段话可以很好地诠释幸福："幸福绝大多数是朴素的，它不会像信号弹似的，在很高的天空闪烁红色的光芒。它披着本色外衣，亲切温暖地包裹起我们。"

在生活中静下心多去发现、多去体会自己内心的感觉，你会发现幸福并不是那么难以获得。比如：晚上下班到家的时候，发现妈妈已经给你做好了晚饭，你会不会感到很幸福；早上醒来发现窗外的天空中飘动着一团团美丽的云，那种随风而动的轻松，是否也让你觉得幸福。这些幸福存在于你自己的生活中，也是出于你的内心。我们要多去留心生活中的这些小幸福，积攒起来就会获得一个大大的幸福。

格局舒朗者，心安处有大自在

格局，是很多励志文章中的高频词汇。想要获得成功必须要有大的格局，很多成功人士的演讲或者自传里也很频繁地提到格局，那么究竟什么是格局？

格是对认知范围内事物认知的程度，局是指认知范围内所做事情以及事情的结果，合起来称之为格局，格局也就是对事物认知的范围。

每个人的眼界见识和所处的需求层次不同，生活经历和受教育程度不同，导致了格局的不同。比如一个公司里，老板跟公司职员想法是不同的，老板要思考的是整个公司的运作，他需要对公司的发展承担责任，职员只要做好本职的工作，有更多业余的时间可以思考自己怎么生活，所以老板的眼界比职员高，责任也更大，格局也大一点。上市公司的老板会比小公司的老板眼界更高、格局更大。可以说你见识的世界有多大，你的眼界有多宽，你的格局就有多大。

说到这里，我想起马云在一次分享会上说起自己对钱没概念，自己最开心的时候就是以前当老师每个月拿两千多工资的时候，这一番话在网上被网友调侃是假话。马云这段话在网上火了之后，网友又找出来之前别的商业大佬说过的“假话”：万达集团董事长王健林，在参加《鲁豫有约》节目时谈到“很多年轻人想当首富”这个话题时，曾说想做世界首富这个奋斗方向是对的，但是最好先定一个能达到的小目标，比如我先挣它 1 个亿。到了之后，下一个目标，再奔 10 亿、100 亿。

这些大佬说的“假话”被网友收集在一起，获得了高转发、高评论，引发热议。有网友说王健林的小目标可以当成自己的人生目标，也许一辈子都不会挣够 1 个亿，等等。看着这些网友都化身“柠檬精”，能感觉到确实这些大企业家的言论对于普通的民众来说太惊奇，他们的思维和普通人相差很大，这也体现了眼界不同的人格局的不同。

在普通人眼里，1 个亿遥不可及，但是对于有的人来说真的是“小目标”。腾讯老总马化腾，一天就可以实现两次这种小目标。马云说自己在当老师的时候拿两千块钱最快乐，我相信他说的是真实的感受，那时候他只是一个普通的大学老师，衣食住行满足了，生活就很幸福。但是后来他成为一个上市公司的老总，一个公司有很多员工，每天除了自己的衣食住行他还要对员工的衣食住行负责，还要把控公司发展方向，无时无刻不想着如何把公司做好，费的心力不是当年的老师可以比较的。想象一下，你每天一睁眼就要考虑成百上千人的生活问题你会觉得很轻松吗？作为一个成功的企业家，每天所承受的压力是常人无法想象的。

虽然这些大佬每天要思考的事情很多，但是不管是在节目中还是在演讲中他们一直在传递着正能量。比如马云不管在什么时候都面带微笑，并用他的亲身经历鼓励年轻人去创业。不要觉得他们离你的生活太过遥远，其实荧幕前的他们是真实的。你再看看身边的成功者，他们是不是都有一种乐观积极的心态，和自信向上的气场。就算不是老板，但凡有自己明确目标的人，他们也都具备一种平和的魅力。

古代的文人名士都喜欢游历祖国大好河山，为什么呢？因为旅游可以疏散内心的忧愁烦闷，到陌生的环境接触陌生的人会让你产生一种新奇的感觉。在你爬过高山，看过大海，行走过树林的时候，你的心里会产生一种力量，这种力量会让你变得平和。

不知道你是否有过这种感觉，早上起来的时候觉得身体很沉，这一天每一件事都不顺心。明明早早出门上班，可是公交车偏偏来得很晚，好像是专门跟你作对一样；工作突然都堆过来，忙得不可开交；去买午饭喜欢吃的菜卖光了，只能随便买一个还特别难吃；忙碌一天很累了到家还要收拾屋子照顾小孩。你看着朋友圈别人晒的美食、旅游心里酸得要命，这个时候你有没有觉得自己过得特别糟糕，有没有抱怨老天对你不公平？

有一段时间，我就处于这种状态，工作不顺心，早上一睁开眼就满脑袋官司，看什么都烦躁，像颗炸弹一点就炸。其实让我也不知道为什么会这样，就是突然之间觉得所有事情都不如意。看身边的人都那么开心我就来气，看别人朋友圈每天多姿多彩而我却天天两点一线，心里就越来越不平衡。于是我开始抱怨，抱怨工作、抱怨天气、抱怨命运、抱怨一切我碰到的事情。穿衣服看着镜子里的自己一点也不漂亮；工作的时候同样的事情别人很快就做好我却怎么也弄不完；看着别人跟男朋友秀恩爱，自己仍是孑然一身。那段时间整个人都处于消极状态，过得极其不开心，觉得自己这一辈子都不会过上好的生活，只能平庸地过一生。

那时候的我就像走进了一个死胡同，无法前进，很苦恼不知道该怎么办。如果你现在也处于这种状态，那我来告诉你，马上掉头不要继续前进了。

生活中难免会遇到烦心事，谁都不会一辈子顺风顺水。遇到烦心事首先我们要做的就是试着去接受它，抗拒只会让我们产生负面情绪，比如烦闷、痛苦，这些情绪笼罩你的全身让你无法摆脱。索性试着去接受它，在正面感受的时候思考这件事情到底会对我产生什么影响？很严重吗？怎么才能解决？想明白这些问题你就会豁然开朗，情绪也自然就平和了。

张嘉佳的短篇小说集《从你的全世界路过》中有这样一个故事，故事的主角说他做事之前要想一个问题：这件事做了我会死吗？会就不做了，不会就做！他把事情当成了一个选择题，化繁为简。同样我们对待眼前发生的事情也可以采取这样的方法，把自己最看重的那一面摆出来，把复杂的事情转化成简单的选项，你会发现原来那些烦闷和苦恼都是多余的。

当你做到对烦心事不再计较的时候，你的格局就会变大，你会发现世界变得跟以前不一样了，你将看到生活中之前看不到的小细节，心情变得舒畅，格局自然疏朗。

疏朗的格局，自带有海纳百川的气场，有一种宽广的辽远，意境空明，秩序井然，还有化不开的古意和令人敬畏的气派。

第2辑

接纳自己，不需要任何条件

生命里第一个爱恋的对象，应该是你自己

人生就像是一趟列车，在旅途中会一直有人上车、下车，会陆续有人跟你说再见，没有人能陪你到最后。

陈果在她的《好的爱情》中写道："从头到尾，从生到死，从摇篮到坟墓，与你同行、形影相随的只有一个人，就是你自己。"

作为在生命中最重要的一部分，你真的了解这个无时无刻不在身边的"你"吗？你知道自己内心中的快乐和悲伤都是为什么吗？现在认真想一想你真的在意过、关注过自己吗？

我们每天要跟很多人打交道，要扮演很多角色，要成为父母的好孩子，成为公司的好员工，成为丈夫的好老婆，等等。在这些角色中要做到切换自如，为了满足他们的要求改变自

己，这时候你委屈的是谁？其实就是你自己。

我大学的室友薇薇，大一军训时看上了隔壁专业的小哥哥，天天拉着我假装路过，为的是多在小哥哥面前露脸，吸引对方的注意，后来要到了联系方式便开始了猛烈的攻势。联系上小哥哥之后，她每天晚上陪着小哥哥聊天聊到很晚，知道小哥哥喜欢打游戏立马下了游戏没日没夜地练习。一个礼拜之后，薇薇顶着大大的黑眼圈，整个人神情恍惚跟我说："我终于练好游戏了，我可以带小哥哥飞了。"可是小哥哥却换了别的游戏，薇薇又开始了新的练习之旅。

不知道从哪儿打听出小哥哥喜欢御姐系的姑娘，她马上拉着我去商场买高跟鞋，买白衬衫，买西装裤（我也不知道她在哪学来的这样就叫御姐），开始学化妆，看各种美妆博主的视频，买好多化妆品。为了负担这些费用，薇薇只好利用课下时间去做兼职，每天都要去干活，起早贪黑地讨小哥哥喜欢。终于不负苦心，小哥哥被她感动了，同意跟她谈恋爱。那天晚上，薇薇高兴得上蹿下跳在寝室里折腾到半夜。在这之后，总能看见薇薇挽着小哥哥的手，穿着高跟鞋憋着嗓子说话，靠在小哥哥肩上发出娇羞的笑声。可是好景不长，两人谈了两个月分手了。原因是薇薇不喜欢吃榴梿，小哥哥特别喜欢吃，薇薇只好忍着恶心尝了一口，小哥哥却嫌弃她吃的不情愿，薇薇只好装出很喜欢的表情，吃了几大口，可是没忍住吐了。小哥哥就离开她了，最后留下一句话：“既然不喜欢，何必装着喜欢。”

恋情结束之后，薇薇在寝室连着喝了三天酒也哭了三天，撕心裂肺的哭声，把宿管阿姨都招来了，没办法只好转移去天台。第一天宿舍里的五个人全陪着她，第二天实在熬不住了开始倒班，两人一组。到了第三天晚上都筋疲力尽，我说我来陪她让其他室友去休息，我们两个人坐在天台上，她又开始哭，没一会儿跟我说：“我怎么哭不出来了？”我说：“你都哭三天了，还能哭出来我就真服你了。”薇薇躺在地上看着天上的星星跟我说：“我其实不是为了小哥哥伤心，相反他跟我说分手的时候我没有想象中那么难过。我难过的是我为他做了那么多，我为了变成他喜欢的样子去做兼职，我很久没有好好睡个懒觉了，最后就因为这么点儿小事他跟我分手，我觉得特对不起自己。我已经颓了三天了，是为了纪念我做的所有努力和让步，不过现在好了，已经过去了，以后我不会再为了别人委屈自己了！”我看着她闪着泪光的眼睛，摸了摸她的头，她又说：“该说不说，那榴梿是真难吃！”

在感情中，一些女生总是容易迷失自己，为了让自己心爱的人喜欢自己而做出改变。你有没有问过你的另一半他喜欢什么样的姑娘，然后细细比对自己哪里不符合呢？很多时候你为了让对方开心掩饰自己，明明很不喜欢他做一件事，但是为了他的情绪，你会说服自己接受这件事，比如你本来是一个活泼开朗的性格，因为自己的男神喜欢温柔可人的类型，就小声说话，笑不露齿。都说坚持一件事情 21 天之后就会变成习惯，在你付出了很多努力却还是没能得到真爱，不得不分开之后你会不自觉地保持着那些习惯，心里还给别人留着很大的位置。你自己就会变得越来越小，会越来越委屈。甚至你会因为别人而忽视自己，冷落自己。

养过狗的人会有体会，当你对狗态度不好的时候，它会很害怕，但还是在摇尾巴讨好你。它犯错误被你训斥之后，会跑到角落里藏起来，只要你叫它一声，它马上就会回到你身边大力地摇尾巴，就像你没有训斥过它一样。这个时候你会不会感到很心疼？明明你训斥了它，但它还是忠诚地陪在你身边。你内心的自己也是这样陪着你，不管你为了别人做了什么伤害她的事情，只要你需要她，她就会马上出现。

所以说，我们生命里第一个爱恋的对象，应该是自己。世界上这么多人都跟你擦肩而过，那些至亲的人也未必能陪你到未来。身边的朋友也会一直更换，这一路上有些朋友陪伴你到了一个路口，可能会因为终点不同而分道扬镳，最终剩下的就只有自己。多少个难过的夜晚陪着你的只有自己，她在黑夜里拥抱你安慰你，成为你最忠实的伴侣，这样的陪伴难道不值得你去爱吗？

所以，在为了别人改变的时候记得跟自己说一句“对不起，让你受委屈了”，难过的时候抱抱自己，不要因为身边没人陪而感到难过害怕，你身边一直都有一个忠诚的骑士陪着你，那就是你自己。

好好去爱自己，学会爱自己，才能体会到更多的爱。

搞好跟自己的关系，就搞定了所有关系

前文提到过，人是群居动物，在与人相处的过程中，我们常常会不自觉地把注意力更多地放在别人身上，我们总是会变着法地去了解别人，想看懂别人内心的想法。但是往往我们把别人分析得头头是道，在面对自己的时候却不知道自己想要什么，而自己是开启世界的一把钥匙，在没有读懂自己之前，你所认为的世界其实是一种假象。所以要想了解世界，了解他人，首先要学会了解自己。

人跟人之间拥有不同的生活经历、思维方式，但是也有相同的地方，那就是人性。你会因为一件事情感到难过，他也会；你会感到喜悦，他也同样。了解了一个人的本性就把握住了他的根本，对他的行为情绪都会有更好的理解。怎样去了解一个人的本性呢？直接去了解可能会很难，毕竟人不是轻易可以被看透的，既然看清别人很难，我们可以选择从自己下手。

在你了解了自己之后，他人不过是另一个你，你的本性也可以在他身上找到。明白自己不想要什么之后，在与他人交往时记住这个不想要的，也别强加在他人身上，这就叫“己所不欲，勿施于人”。慢慢你会发现，原本并没有特意去留意别人喜欢什么，只是在与他交往时剔除自己不喜欢的事，就知道了他的喜好，相处起来自然得心应手。

跟自己搞好关系，首先要了解自己的本性，然后知道自己内心的真正需求，尽量去满足这些需求，它就会回报你无比平和的内心和喜悦。人心情喜悦的时候，做事效率会大大提升，看待事物的角度也会发生改变。本来你觉得面目可憎的人，在你心情愉悦的时候看着也会觉得可爱。而且，在你处理好跟自己的关系之后，你所做的一切事情的出发点都是发自内心的，那么你做起事情会觉得浑身充满力量。做事之前，你可以在心里想象你想要做成的事情和想要达到的效果，越真实越详细越好，一遍一遍地告诉自己你能做到，你的内心就会发挥自我暗示的作用。

就像张德芬在《遇见未知的自己》中所说的那样：“当你真心想要一样东西的时候，你身上散发出来的就是那种能量的振动频率，然后全宇宙就会联合起来帮助你达到你想要的东西。”

达到与自己的身心一致之后，再去考虑与别人的关系，你将发现一切变得简单多了。我们遇到的大部分人都是普通人，普通人的共性将会更多、更明显、更容易被发现。在你明白了自己的需求之后，推己及人，切身地感受他的喜悦，感受他的脆弱和痛苦。你只有真正去感受了，才能明白他的情绪是从哪里产生的，如果发生在自己身上你需要怎么做才能消除这种情绪，以这个思维方式想下来你会发现在这段关系里你已经处在主动的位置了。

你与自己相处的经验是你与他人关系的模板。

我毕业后工作的第一家公司，有位人事经理黄姐，她是我见过的最和善的人了。那时候因为刚步入社会，什么也不懂，面试那天我穿了自己最正式的衣服，踩着高跟鞋，晃晃悠悠地来到公司。那家公司规模还挺大，拥有自己的产业园，每栋楼都是不同的部门，园里都是穿着正装的工作人员。一走进产业园我就蒙了，心里特别紧张，好不容易找到了我面试的那个部门，一个小姐姐下楼接我上去，安排我在一个屋子里填个人信息，她就去找黄姐来面试。小姐姐走了之后我在屋子里填表，手心一直在冒汗，心怦怦跳个不停，字写得七扭八歪，刚写完表格黄姐就进来了，我马上站起来跟她打招呼，黄姐笑着说：“没事你不用紧张，我们先简单聊一聊。”

接着她帮我倒了杯水，然后问我是怎么来的，住在哪里，房租多少钱，北京的交通如何如何。聊了一会儿之后我慢慢平复下来，不再那么紧张了。接着她又问我在学校的情况，大致了解之后开始向我介绍公司的情况。临走的时候她加了我的微信说有事情再联系，还跟我说面试不用紧张，她很理解我们这些刚工作的年轻人的心态，都是从那时候熬过来的，她还跟我说我今天表现得不错，听她说完这些我心里感到一种说不出的温暖。

过了几天我收到了公司的通知，告知我已被录用，我特别高兴得到了这份工作，也很高兴可以跟黄姐做同事。上班之后我从同事那里听说黄姐的事情，大家都夸她办事细致，对同事体贴入微，与她相处从来不会觉得有任何不舒服或者尴尬，老板也很赏识她。后来跟黄姐关系亲近了，我向她请教过这个问题：如何跟别人相处得很好？黄姐说：“我刚工作的时候愣头青一个，办事横冲直撞的，从不愿意把心思放在别人身上，只觉得自己能力上去了别人自然会另眼相看，结果吃了不少亏。后来发觉自己应该先学会为人处世，就试着去与人交流相处，可是总找不到方法，费尽心思去分析别人的性格和喜好，总是差点东西。再后来我就开始试着先了解自己，我觉得人跟人之间虽然不尽相同，但是总是有共同点的，与其苦苦分析别人的性格不如从自己下手，自己不喜欢的事情同样不要强加在别人身上。刚开始我只是抱着试一试的心态，结果还真的起效果了，从那以后我做每件事、说每句话之前都会先想一下我自己喜不喜欢这样，先学会处理好与自己的关系，再去处理别的关系就会变得轻松很多。”

学会与自己相处，你会更容易知道什么是自己想要的，什么事情是自己接受不了的，可以更好地去经营一段好的关系。练习多次之后，会越来越熟练，掌握了这个规律之后运用在其他关系上，就会变得得心应手。

外在的评判，其实是内心的投射

大三思修课老师是个很有意思的小老太太，她的课堂不像其他思修课一样晦涩难懂，除讲课本上的内容之外，她还会用故事的形式讲一些人生哲理。有一节课，她用了二十分钟讲完课本内容，把书往讲台一扣，我们就知道她要开始讲故事了，这是她的习惯动作。

思修老师先给我们提了一个问题，让我们说出身边同学的一个缺点。话音刚落，教室就沸腾了，同学都喊着：“我旁边的同学没有缺点，我们关系很好！”“老师你这是让我们互相残杀啊！”“老师你这样不利于班级团结！”思修老师摆摆手示意我们静一静：“在心里想不用说出来。”然后给我们五分钟思考。在心里暗自吐槽自己旁边的同学，想想是个挺刺激的事，五分钟过去了，老师开始说话：“现在每个人记着自己想到的缺点，在心里继续回答我的问题。你所说的缺点是真的吗？”我觉得老师这个方式很有趣，就一直跟着做，她问一句我在心里答一句。当时坐在我身边的是对面寝室的一个姑娘，人其实还不错，跟我关系挺好，只有一点我接受不了，就是她有点太自来熟。

当老师问到是真的吗，我想着：“当然是真的。”老师又问：“他身边所有人都这么说吗？”我回想了一下，好像没有人说过她这个问题，我跟室友提起，室友也没什么反应。老师接着问：“有没有发现这个想法只有你一个人有，他身边的别人没有觉得他有这个问题？”我不自觉地点头，缓过神之后有一丝尴尬忙看向周围的同学，发现有很多人都在点头。老师笑了笑说：“当你觉得这个人有缺点的时候你会觉得跟他相处起来很难受，但是现在这个缺点其实并不是真的存在，你跟这个人相处的心态会不会改变呢？”我想了想，之前一直觉得那个女生自来熟，现在倒觉得她是对人热情，看着她觉得心境开阔许多。

老师又说：“举起你们的手，指着我。”同学纷纷举起手，指着老师。老师说：“你们看，当你指着我的时候，一根手指指向我，另外的三根手指是指向自己。也就是说，当你在批评别人的时候，这个问题不一定真的是他身上的，而很可能是你自己内心折射出来的。”说完下课铃响了，老师抱着书走出教室，同学们都坐在座位上若有所思。

生活中，我们总会因为一件事或者一个人感到烦闷，最简单的也是大多数人最经常碰到的问题——等公交车。你等哪辆公交车哪辆就不来，这个时候会觉得烦，为什么会产生这种情绪呢？因为你的内心觉得你要坐这辆公交车，所以这辆公交车应该来，公交车没有按照你的想法迅速赶来，你就觉得烦。网上还有人提了一个办法，只要你装作在等另一辆车，你真正要坐的公交车就会很快到了。举个例子，比如你要坐的公交车是303，你就假装在等302，不一会303就会到了。这个办法其实是在转移你的注意力，像一种心理暗示，把等不到303的那种焦躁转移，心里不着急也不烦了，就会变得有耐心，自然也会觉得车到得快了。

外在的评判，其实是内心的投射。投射是指个体依据其需要、情绪的主观指向，将自己的特征转移到他人身上的现象。投射作用的实质，是个体将自己身上所存在的心理行为特征推测成在他人身上也同样存在。通俗来讲就是我们自己想要什么东西或者想要达到一种什么样的状态，那我们会要求身边的人也做出同样的事情。很多时候都会发生投射现象，在与人相处的过程中，当对方没有按照自己的想法来做一件事的话，你就会觉得这个人不好，会不满意。还有一种现象就是，每个人都会被贴上标签，比如我被贴上的标签是温柔，我就会把自身不温柔的一面抑制住，而当我看到不温柔的人之后，我身体里的不温柔因素在他身上有了投射现象，所以会导致我讨厌不温柔的人，不想跟他交往。

《遇见未知的自己》的作者张德芬老师说："亲爱的，外边没有别人，所有的外在事物都是你内在投射出来的结果。"书中还说："我们不知道一切的问题都是出在自己身上，只要改变了自己，改变自己的心境，所有的外境，包括人、事、物都会境由心转地随之改变。"

很多时候，我们会抱怨生活事事都不顺心，现在想想，那些你所认为不顺心的事情，是不是你内心所回避的，不想提及的事情呢？保持好心态，相信所有外在的不愉快都是自己内心的投射，发现自己内心的缺陷并接受它，改变自己看事情的心态，戒骄戒躁，平心静气地面对每一件突发事件。当你真的平复下来时，你会发现之前很难解决也很难放下的事情变得不再棘手；之前每天愁眉苦脸做事效率无法提高，改变心态之后看事情豁然开朗，会发现更多以前被忽视的小细节，做起事来更加得心应手。

去年年末，有一段时间心态崩了，觉得做什么事情都不顺，看什么都不顺眼，做什么都嫌烦，脾气特别大总压不住火气。

一个周末，天气很好，我在家想自己做点饭吃，上网找菜谱，好不容易选定了一道菜，买好材料回到家后发现少买了一种调料，到楼下的超市买了调料回来又发现忘了买葱姜蒜，又下楼去买葱姜蒜，材料终于备齐了发现家里没有盘子。最后，只好把锅放在桌子上当盘子。

吃到一半看着锅，突然就觉得很委屈，眼泪像水龙头一样止不住。哭了一会儿，我意识到不能再这样下去了，会憋出病来的。我坐在沙发上，开始回忆自己是从什么时候变得暴躁，想我觉得难以忍受的事情真的很难接受还是我内心在作怪？想了很久之后突然释然了。

我觉得很烦的事情，其实是属于我内心藏起来的那部分的投射，我不想接受的事情被投射到别人身上，说到底这个问题还是我自身的问题。我觉得事情烦，觉得别人烦，所以不想去做事，不想去跟人相处。

当遇到困境时，一定要学会“内求”，勇于自省，从自己身上找原因，从自己内心找问题，因为外面没有别人，只是另一个自己。

你做不好别人，做好自己就行了

我相信每个人小的时候都有一位“死对头”，那就是“别人家的孩子”。小的时候我家小区里有很多小孩，到了夏天，吃完晚饭各家都领着孩子出来玩，大人们坐在一起聊家常，小孩子们就成群结伙地跑着玩。我自认为是整个小区最靓的崽，一向是横行霸道，没有一点儿女孩的样子。扎着羊角辫儿穿着小花裙子和带花边的袜子，跟着男孩子们上蹿下跳，爬树、玩弹珠、打卡片，每天都干干净净地出门，脏兮兮地回家。

我家楼上有一个小女孩特别文静，大大的眼睛笑起来还有酒窝，学习成绩是班级的第一名，每次都能考双百，还会弹钢琴、跳古典舞。我每次像小花猫一样脏兮兮的回到家，我妈就会用那个小女孩教育我，说的话应该跟所有家长羡慕别人家孩子那样："你看看人家姑娘，漂漂亮亮、文文静静的，学习好还会弹钢琴、跳舞，晚上我们在楼下聊天的时候从来不乱跑，坐在我们旁边听着，一跟她说话就笑，你再看看你……"

慢慢地我长大了，要面子了，不愿意挨骂也不想听见妈妈总说别人家孩子好，就也报了钢琴班、舞蹈班，晚上再不出去疯玩了，老老实实在家里学习。每天安安静静地跟着妈妈，见人就笑。可是学了一年钢琴考级也没考过，练舞练得肌肉拉伤好几处，我总对人笑但是笑得不自然，甚至有阿姨问我妈我表情为什么总是那么僵硬。

我努力去向妈妈口中"别人家的孩子"靠拢，累得筋疲力尽也没有学到一丝皮毛。妈妈看我实在没法像人家一样文静，便不再让我去学钢琴学舞蹈了，放手让我自由成长。初中时，美术老师发现我有画画的天赋，就让我报名参加美术班，我终于找到了自己的兴趣。现在闲下来，我也会拿起画笔画一画风景或者画一幅自画像。

每个人都有属于自己的人生，但原生家庭对个人成长的影响极为关键。小孩子是单纯的，不会像成年人一样产生嫉妒心理，在孩子的眼中自我是占第一位的，他会很明确地表达自我。有些家长看到别人家的小孩有这样那样的才艺，就会认为自己家的孩子也应该有才艺，甚至有些家长还会把自己小时候没有实现的梦想强加在孩子身上，把孩子变成自己的衍生品。家长口中有一句名言“别让孩子输在起跑线上”，这句话也被很多才艺班当作宣传标语。

我记得电视剧《武林外传》中有一集，七侠镇几家老板为了庆祝自家孩子在各种比赛中获得了荣誉请大伙吃饭。佟湘玉很眼红，就逼着莫小贝学才艺，琴棋书画同时进行。最后莫小贝选择学画画，在画画先生来之后，想方设法把先生气走，先生却被莫小贝捏的泥人吸引，俩人玩了一下午泥巴。佟湘玉发现之后很不理解先生的做法，她跟先生说了起跑线这个言论，先生问她赛道的终点在哪，佟湘玉说不知道，先生又说：“既然不知道终点在哪，那这个起跑线设置得有什么意义。不要遏制孩子的天性，所谓你给他们一个机会，他们还你一个奇迹。”

小的时候，“要做得比别人好，要比别人优秀，别人会什么你要做的比他还好”，这些思想就充斥在我们身边，久而久之，这种思想就被固化了。我们总是习惯性地跟别人比较，样样都要做得比别人好，就算是我们不擅长的东西也要做到最好。要知道每个人都是有天赋的，有的人在写作上有天赋，写出来的文章很生动，思如泉涌；有的人在书法上有天赋，下笔如有神。可是一个没有写作天赋的人偏要去写作，想在别人擅长的领域做得比他还好，最终只会让自己疲惫不堪。

不要盲目地去追赶别人的脚步，不要看到他人成功就一味去模仿别人，有的路他能走通但是你未必能顺利，每个人在取得成功方面，领域和方式不同，世界上没有相同的两片树叶，没有相同的两个人，也没有相同的成功。马云开创了阿里巴巴，开启了网购时代，没有人能复制他的成功。坚持走自己的路，一步一个脚印地前进，你会发现没有别人的对比，前进之路变得畅通很多，心境也会变得更明朗。

我们每个人都有时差，但没有快慢之分。有的人 28 岁才找到工作，有的人 25 岁就成为副总经理；有的人 60 岁去世，有的人 90 岁还在环游世界；有的人 40 岁依旧单身，而有的人 20 岁就碰到了这辈子相伴终老的人。每个人有各自专属的时间旅程，在你自己的时区里你有自己的步履和该做的事，你来人间一趟，不是来刷任务的，应该多欣赏一下沿途的风景，你该好好享受阳光、雨露和爱。

不要用别人来定义你的生命，一味去追寻不属于自己的东西只会让自己活得很累，错过近在眼前的美好。珍惜自己的时间，找到自己擅长并且热爱的事情，全力以赴地完成它，不要在意别人的眼光。可能你会害怕别人嘲笑你，但是请勇敢地做自己，书写你人生的笔是握在自己手里的，坚定地沿着属于自己的人生路走下去。康庄大道怎么样，羊肠小路又怎么样，各有各的风景，只要安下心在自己的路上勇往直前，你会发现这条路远比想象中要美很多，它会成为世上最美的风景。

过度付出的过程中，你自己在哪里？

2014年英国爱情短片《他为我褪去皮肤》讲述了一个血腥的爱情故事。

影片中，一对生活在一起的情侣，女主要求男主褪去皮肤，男主照做了。他把自己的皮挂在衣柜里，自此成了一个赤裸裸的人。他们仍然一起生活，但是慢慢地，男主越来越沉默。女主每天清理血迹，洗衣服洗床单，擦拭家具上、地板上、楼梯扶手上的血渍，却没想过让男主穿上那层皮。男主因为没有皮肤在工作上屡屡碰壁，跟好友聚会也被当成怪物来看待。

刚开始，女主没有嫌弃男主总是弄得满屋子都是血迹，很耐心地打扫着，慢慢地，她开始厌烦这样无休止的打扫，在面对男主对工作的抱怨时，也只是嘴上安慰并没有让男主穿回皮肤。结尾处，他们面对面躺在床上。男主抚摸了女主的脸，将手放在她腰上，试图也脱掉她的那层皮，女主惊恐地看着男主。没错，自始至终，女主都是完好无损的，带着自己完整的皮，要求爱人血淋淋赤裸裸地和她一起生活。

这部电影一发布就被各大电影节提名，影片以极其简洁又精练的镜头，为我们呈现出了一种伴侣之间毫无保留的“赤裸之爱”。片子里的男主在爱情中不惜一切满足女主的要求，女主希望他褪去自己的皮肤两人坦诚相见，男主真的撕掉了皮肤。影片中两人在一起吃了三次饭，第一次是在男主刚撕掉自己皮肤之后，女主特别开心地准备了新菜谱——牛排，两人在饭桌上含情脉脉地相望；第二次是参加朋友间的聚会，男主因为没有皮肤受到朋友们的歧视，原本活泼开朗的人变得沉默寡言，一个朋友因为碰到男主的手害怕地收回手而摔坏了杯子；第三次是在两人都厌倦了现在的生活，女主也受够了不停打扫血迹的日子，两人坐在饭桌上吃意大利面，相对无言。

在感情中，总会有一方一直在付出，为了满足另一半的要求拼命努力，想要得到对方的认可。

我一个远房的姑姑，我在小学的时候见过她几次。在我印象里姑姑特别温柔，笑起来两个甜甜的酒窝，一米七多的个子，身材很匀称，长得很漂亮。听我爸说，姑姑年轻的时候是村花，很多人都去给姑姑提亲，其中有很多优秀的小伙子，姑姑偏偏看上了后来的姑父，就因为姑父长得帅！刚结婚两个人很甜蜜，去城里开了个小饭店，从早到晚两人一直在忙碌，新婚的小两口任何困难都可以用甜蜜的情意化解。两人起早贪黑奋斗了五年，因为他们饭店的饭菜好吃又实惠，姑姑还有做生意的头脑，总是笑脸迎人，很多老客户就认准他们家。饭店的规模也渐渐大了起来，盖起了两层楼，楼上是KTV楼下是饭店，一时间他们家的饭店成了城里生意最兴隆的饭店。

日子好起来了，姑父也变得古怪起来。因为总有一些有头有脸的人来店里吃饭，所以姑父经常出去应酬，留下姑姑自己看店。每次姑父回到家都是醉醺醺的，跟姑姑抱怨那些领导看不起他，然后就开始胡言乱语地问为什么白天姑姑要冲着别的男人笑，是不是在勾引别人。姑姑解释了两句，姑父说她狡辩，说姑姑拿自己当傻子耍，说姑姑也看不起他，说着激动起来就动手打人。第二天早上酒醒了，姑姑说要离婚，他就跪下声泪俱下地道歉，说自己一定改。之后会真的消停一段时间，对姑姑比原来更好，看姑姑真的不会离开之后又开始打人。

家人劝姑姑离婚，但是姑姑不舍得，她觉得姑父是受到别人的刺激才会这样，自己应该对他更好。她认为自己有义务去救赎姑父，不忍心离他而去。就这样他们过了几十年，姑父不但没有被救赎反而变本加厉。最严重的一次姑父穿着皮鞋踹姑姑的头，把姑姑踹晕了。姑姑醒来以后趁姑父睡着了，连夜跑回娘家，再也不敢回去了。家里人听说之后坚决要姑姑离婚。姑父又哭又闹又上吊，跪在姑姑家门口拿着一把菜刀要把自己的手指砍下来明志，后来被警察抓走了。两个人总算是办了离婚。

姑姑在他们的婚姻里一而再再而三地降低自己的底线，为了得到姑父的认可被家暴也不反抗，她卑微地想获得丈夫的爱，可结果却是一场空。后来从我爸那听说，姑姑离婚之后去了南方，自己重新开了一个小饭店，找到了一个对她非常好的老公，生活得很幸福。

在感情中情投意合很重要，及时止损也很重要。两个人在一起，刚开始感情会如胶似漆，这个时候一般不会出现什么大问题，因为刚在一起两人都很克制，也愿意为对方着想。慢慢地，两个人会出现摩擦而产生分歧，一旦这个分歧没有处理好，就会变成一根刺。刺出现了之后，两个人会变得斤斤计较，再遇见事情就会想起之前的争执，强势的一方会要求另一方按照自己的意愿做，来证明对方是爱自己的，要求会越来越多，难度越来越大。最后逃不出两种结局，一种是矛盾爆发两人分道扬镳，另一种是双方就这么一直互相折磨下去。

世道艰难，每个人都是孤独的，所以我们渴望有一个知冷知热的人在身边。当这个人出现之后，我们恨不得把心捧到他的面前。但是请擦亮眼睛，看清这个人是否值得你如此付出，他真的会珍惜你给的真心吗？在你为了他全心付出的时候，你有想过自己吗？你委屈自己去迎合他，抑制自己的本性，违背自己的本心，最后换来的却是他的不珍惜。想要人爱你首先要学会自爱，珍惜自己，把自己放在第一位，只要你把自己照顾好，你会由内而外地获得一种力量，这种力量会吸引真正会把你放在心口的人。

让自己痛苦的人和事，该放手就放手吧

我们来这世上一遭，会碰见很多事，遇见很多人，在这之中肯定会有一些人和事让你感到痛苦，内心挣扎，这时候你就要学会放手。

我之前租房子住，隔壁的邻居是个姑娘，叫七七，家里养了一只比熊，我每天遛狗总能看见她，一来二去就熟悉起来。有一次在她家喝酒，问起她为什么要来北京，她跟我讲了她的故事。

大学毕业之后，七七选择去日本留学，在日本一待就是三年。在一个朋友办的聚会上，七七认识了大伟，刚开始两人并没有过多交流，只是留了联系方式。七七回国之后选择来到北京，找了几个工作都不称心，好在留学的时候做过代购，还有

些积蓄。有一天七七收到了大伟的短信："Hi，还好吗？"然后两个人开始每天聊天，七七发现原来大伟有一个有趣的灵魂，能接住七七抛出的各种奇怪的话题，两人越聊越投机，就这样聊了三个月，大伟突然来到北京，出现在七七面前，对她说："我们在一起吧！"七七很高兴地同意了。就这样，他们两个人走到了一起。

大伟是南方人，家里有个物流公司，算是个小富二代，从日本回来之后就回到家乡帮着家里料理公司，两人在一起之后，感觉久居两地也不是回事，七七就提出要跟大伟回南方。在南方，两人租了一个房子，七七在本地找了一份工作，日子过得其乐融融。

时间长了，七七发现两个人在生活上存在很多分歧，她看不懂大伟怎么想，问他也不说，总是含含糊糊、闪烁其词。两人的消费观也不一样，周末七七想去一起看电影，大伟不同意，理由是去电影院浪费钱，不如在家看。七七喜欢小狗，跟大伟商量养一条，大伟同意了，去买了一条比熊。回到家七七高兴极了，给狗狗买了很多小衣服和零食。刚开始，大伟也表现得很喜欢小狗，过了几天大伟就开始各种嫌弃了，看到狗就骂。再后来就动手扔，她家小狗看着大伟特别害怕但还是摇着尾巴，七七看着小狗可怜的样子很心疼，因为小狗的问题他们总吵架。

因为养狗的事情，七七觉得有点对不起大伟，所以加倍地对他好，日子也还过得去。两人周年纪念日的时候，七七早早下班回家，准备了一桌子的饭菜，高兴地等大伟回家。大伟回到家看着一桌子菜并没有表现得惊喜，七七觉得可能是工作太累了，也没在意，一直给大伟夹菜，讲笑话活跃气氛。结果大伟说："我们安静地吃一会儿吧。"七七立马闭了嘴，心里的苦涩一点点蔓延开。

吃完饭，大伟坐在沙发上，七七一个人在厨房收拾，一段沉默之后，大伟走到厨房门口："那个，我过几天要去福建学习，一个月到三个月。"七七点点头："嗯，这边房子也要到期了，再租的话找一个离我公司近一点的吧，我每天下班回来挺晚的，这边也没有路灯，你也不在家我自己有点害怕。"大伟说："离你公司近的话，我上班就远了，还是继续租这个吧。我要出去挺长时间的，你自己住害怕的话……要不你就回北京吧。"七七疑惑地转过来看着大伟："回北京是什么意思？"大伟说："我们分手吧！"七七不可置信地看着大伟，她没想到大伟会说出这句话："为什么啊？"大伟开始说七七的缺点，说他们两个人有多不合适，说他自己一直在委曲求全，等等。总之，就是这段感情里只有他大伟一个人在付出，他受够了！

七七看着眼前这个男人，听着他说的那些话，哭笑不得。

两人就这样分了手，七七用一晚上的时间把所有东西打包好，第二天一早寄走，带着狗上了回北京的飞机。她说坐上飞机的那一刻，眼泪突然涌上来，止都止不住，一直哭到北京，把邻座都吓坏了，一直忙着给她递纸巾。下了飞机她领着狗去朋友家哭了好几天，分手一周之后，接到了大伟的电话，七七以为大伟是来求复合的，兴高采烈地接了电话，没想到大伟说："刚在一起的时候，我买了一对戒指，我看你把戒指拿走了，我觉得分手了这钱应该平摊。"听到这话的一瞬间，七七释然了。挂断电话，七七打开支付宝，输入熟记于心的电话号码把钱转过去，然后拉黑，删照片，删消息。

我和七七面前多出了很多酒瓶子，七七拿着杯子有点坐不住了，她笑着对我说："分手之后我以为这辈子我都会记得他，记得我们在一起的每个瞬间，虽然有很多争吵，他有很多缺点，但是我就是喜欢他。可那天他打电话来让我给他钱，突然我就想明白了，为这样的人不值当！想明白之后就觉得自己很累，但是也很轻松。那种感觉就像是背着重重的包，爬一座很高很高的山，好不容易到了山顶，你把包卸下来，虽然爬山很累但是卸下包袱会很轻松，看着还有远方的风景，你知道你终于又可以继续前进了。”我看着有些醉意的七七，她一手拿着酒杯，一手随意地抚摸着趴在腿上的比熊，嘴角含着笑，眼睛亮晶晶的。

放手，也是一种学问，在什么时候放手，如何放手都需要你自己用心去思考。弘一法师在《人生没什么不可放下》一书中说：“人生没什么不可放下，不要让欲望和诱惑迷乱了你的心。人生没有那么长，何必跟自己过不去。”

我很喜欢七七的那个比喻，人生很像爬一座山，刚开始你背着一个空荡荡的包，轻松地向上爬，在途中你会遇见很多东西，比如花花草草啊，小动物啊，你觉得喜欢，就放在自己的背包里。慢慢往上爬，你会发现有趣新奇的花草越来越多，可爱的小动物也越来越多，可背包因为装了很多东西越来越沉，压得你喘不过气，也无法再容纳新的东西，你只能看着那些你喜欢的东西从眼前消失，你感到难过心痛。就这样你内心充满痛苦地爬到山顶，却没有一点喜悦，因为你一直在想后来遇到的那些无法收集起来的宝贝，这一次的爬山之旅充满遗憾，而且无法弥补。

如果把人生比作爬山，途中的那些花草、小动物就是我们将在人生中遇到的人和事，背包就是我们的内心。你一直计较着之前所碰到的让你痛苦的人或事，就无法接收新的，一直沉浸在痛苦之中，等到事情过后还会感到后悔。所以要学会放下让自己痛苦的人或事，这一生我们要遇见的人、要碰见的事可不止眼前的这几件。可能现在你觉得这件事将会是我一生都过不去的坎，一直在心里纠结一直放不下，为了这一件事浪费时间，浪费精力。就像初中的时候喜欢一个男孩子，但是他不喜欢你，你就觉得天都塌了。等到二十多岁你再回想起这件事，你会觉得自己太幼稚，因为一个男孩天就会塌。但当时为了这个男孩浪费的时间再也回不来了。所以要学会放下，人的内心就是一个有限的背包，时不时地就要倒一倒，才能再装新的东西。痛苦的事情，该放就放，别为了这点事儿和不值得的人放弃新的风景。

第3辑

你的身体，
是一切美好的开始

身心灵的修行，必须从身体出发

在这个世界上，每个人想守住自己内心的一片澄明，是很不容易的。我们每天要面对太多的诱惑，能把握住自己不被迷惑太困难了，所以现在开始流行身心灵修行。

身心灵修行不是宗教，是一种自我探寻的过程。世界上最不了解我们的就是我们自己，通过身心灵修行来找寻真我，让生活变得轻松，内心达到愉悦。

作家张德芬曾经在书里，把世界分成了五个同心圆，最外圈是角色扮演 / 身份认同，往中间依次是思想、情绪、身体、真我。身体包裹着真我，可以说，身体是我们探寻真我最后一道屏障。若要突破身体追寻真我，先要追溯童年，这里的童年是指作为婴儿降生在世上的那瞬间的记忆。人从一颗受精卵到出生一直在母亲的子宫里，是存在自己意识的，你的意识感觉自己和周围事物都是合一的。出生之后，离开了母亲的子宫，你离开了提供生命所需的源头，你很迷惑，为什么饿了找不到东西吃，开始感到恐惧，因为之前你一直认为自己跟世界是一体的。现在的经历让你产生了幻觉，以为自己和自己的身体已经与世界分离开了，为了寻找自我感，就发展出来了小我，不断地在世界抓取东西来满足小我。所以身体就这样让我们和真我分开了。

“在现实的冲击下，我们产生了幻觉，误以为我和我的身体与这个世界是分离的。为了寻找自我感，我们就发展出了小我，在这个世界上抓取所有我们能抓取到的东西，好证明自己的存在。”

读完这一章，我想了好久，我们学习身心灵修行是想得到内心的和平，也就是同心圆最中间的圆里的真我。追寻真我要突破四道障碍，首先是角色扮演 / 身份认同，社会中我们每个人都有各种身份，在不同的场景中我们扮演不同的角色，这一障碍相对容易突破。接下来是思想，思想从出生就有，随着慢慢长大你的思想也会发生变化，经历的事情多了、见过的世面多了，思想就会发生改变，想要突破自身的思想障碍也并非难事。第三道是情绪，有些情绪是由自己产生的，大部分是因为外界的事物而引发的，这一层障碍相对较难突破。最后是身体这道屏障，前三道屏障，是可以受外界影响的，不太受自我控制的一种，但是第四道屏障是一直跟着我们，从真我出现开始就包裹在真我外面的身体，所以要想身心灵修行就要从身体出发，突破这道身体的屏障。

“任何能丢弃自己不实的身份认同，而且不被自己的思想、情绪以及身体所限制和阻碍的人，都会展现出真我的特质。”

上面提到的，身体衍生出来的小我是突破身体这道屏障最大的障碍。小我在你的生活中无处不在，会影响你做决定，影响你的情绪，等等，让你离真我越来越远。而且小我还会让你产生一些虚假认同，比如在生活中，你要做一件大事，这件事十分重要，你会不停地想：“我要是出错怎么办？”“我不行，我做不来！”这些想法会影响你的情绪和思想，让你变得紧张。这些其实就是你的小我在作怪，它给你虚假认同，让你认为这件事就是你本身，做不好就代表你这个人不好，所以你会特别在意这件事的成败，这其实都是小我在向你灌输错误的思想。还有一种情况就是在别人质疑你的时候，小我也会站出来，让你觉得难堪，因为小我让你觉得你的爱好、工作、言行都能代表你的真我，你会感到被质疑就是受到了侵犯。

达摩祖师有一个最著名的传说就是“九年面壁”的故事。北魏孝昌三年，达摩抵达少林寺，之后他便在少林寺旁不远的嵩山一孔天然石洞中面壁九年。达摩用这九年的时间战胜心魔，还悟出了能让中原人接受的佛法，这佛法也就是他九年来战胜心魔的方法，主张了解自己的心性找到真我，就可以悟道成佛。

虽然我们说的身心灵修行没有达摩祖师悟道那么复杂，但是也需要用心去思考。要想得到身心灵的修行，就要克服小我。我们对身体只有 5% 的使用和了解，剩下的 95% 是潜意识状态下用“自动导航系统”操纵的。也就是说身体的反应有大部分都是出于本能，只有小部分是由我们控制的。只有战胜小我，才可以把身体供我们使用的比例变大，我们才能成为身体的主导者，才有机会突破身体的屏障找到真我，得到内心的平和和喜悦。

身体是可见的灵魂

身体从出生就陪伴在我们身边，它是我们最忠诚的伙伴。前文中我们讲了想触摸到真我需要突破身体的障碍，可见身体和真我的联系十分密切，真我是人最本质的东西，身体会反映出真我也就是灵魂的情况，所以说身体是可见的灵魂。

有人说，胃是人消化情绪的地方，在你感到悲伤、痛苦时，你的胃会最先做出反应。

我上大二的时候，寝室里的同学在讨论是否要考研，有两个室友准备要考研。她俩考研的理由很有趣，女孩 A 觉得本科生不好找工作，要提高自己的学历，增加在社会上的竞争能力；女孩 B 要考研是因为害怕步入社会，她还想继续在学校上学。两人从大二下学期就开始准备，上网查好了自己要报考学校的分数线和需要看的书，又在那个学校的贴吧找到本专业的学长学姐取经，天天泡在图书馆里，回到寝室也拿着书一遍一遍地看。

我看她们每天都这么紧张和辛苦，怕她们压力太大，就劝慰道：“这还早呢，你现在看，到时候全忘了，也派不上用场啊。”她俩头都没抬，A说：“这些书不只要看一遍的，早点准备胜算更大一点。”大三下学期的时候，她们开始看网上的课，打开电脑戴着耳机，拿着笔边听边写，早上起床背英语单词，站在天台大声读，累得嗓子都说不出话。

终于还有一个月就要考试了，A信心满满，觉得自己一定考得上，而B就没她那么自信了，每天愁眉苦脸，因为担心考试上火嘴角起泡，口腔溃疡，觉也睡不好，只能一遍一遍地不停看书。我们也会安慰她，还领她出门吃好吃的，想缓解她的紧张，可是都不管用。

B的精神状态特别紧绷，我们只好每天都看着她，怕她心不在焉会出什么意外，好不容易熬到考试的日子，把她俩送到校门口，看着她俩坐上车，我们这才松了一口气。回到寝室，大家都休息了，大概一个小时后接到了B的电话，是考场的监考老师打来的，说B在考试的时候突犯胃病晕倒了，现在在医院。

我们赶紧从床上爬起来冲到医院，跟监考老师了解情况。B一进考场就坐立不安，脸色煞白，老师就注意到她了，还询问她怎么了，她说没事，结果刚发完卷子没一会儿B就晕倒了，老师赶紧给送医院来了，医院一检查说是急性胃炎。我们跟老师道完谢之后送走老师，到病房看见B躺在床上输液，已经醒了，脸色看上去好多了。一阵沉默之后我们安慰她，生病这件事没办法避免，让她别难过。她摇摇头："进考场之前我就胃疼，头还晕，在考场坐下之后我就开始冒汗，想逃离那个屋子，我努力克制住，卷子发下来我看了一眼，那些题像密码一样我都看不懂，更别说解答了，我脑子"嗡"一下，胃好像被扎了一刀一样我就晕倒了。"说完这些之后就闭上眼睛休息了。

人在紧张、感到压力时，胃会有反应，这也是身体的反应。除了胃，还有身体别的部位，比如你看到有东西飞向你，你会下意识用手挡住，上班族会在久坐之后觉得肩背酸痛，因为在工作时我们会感受到焦虑，或者担心恐慌而产生压力，这时候常常会无意识地高耸肩膀，收紧背部肌肉。长期处在压力的状况当中，肩膀和背部肌肉自然不会放松，当然会因为紧绷得太久而疼痛，由此，我们常说，肩背是承担压力与力量支撑的地方。

身体除了会反映情绪，它还是一个神奇的工厂。我们每天为了生存要吃各种食物，不论你吃什么，水果也好，蔬菜、肉类也罢，身体都可以把这些东西化作血液，把这些食物里的养分传送到身体的各个部分，供它们使用。世界上没有第二间像身体这样完美的流水线工厂了，每个部位、每个器官各司其职，为了供养我们的生命不停地运作。

如果你用心地去观察你的身体会发现它独特的美，在练瑜伽的时候，瑜伽老师在做每一个体式时都告诉我们要关注自己的身体，感受肌肉的拉伸，去跟身体沟通，我想她这样说不仅仅是因为要做动作，更是让我们通过跟身体的沟通来建立与灵魂的沟通。

人类总是想探寻宇宙的奥秘，殊不知我们人类自己的身体就是一个小宇宙。我们身体里有水、有火、有浩瀚的星辰、有春夏秋冬四时变化，从婴儿到老人，我们的身体不间断地在发生变化，这难道不值得我们花时间去探寻吗？

在你用心观察身体之后，你会更直接地了解自己灵魂的状态。比如你今天觉得腰酸背痛，那你就该考虑一下是否近期太过劳累，是不是应该适当休息一下调整状态；如果今天你觉得头很晕，你就要知道近期用脑过度，而且不要再去纠结自己控制不了的事情，顺其自然；如果你最近总是碰掉东西，身体都不听自己的了，你就要马上安排休息了，这是你的身体在跟你抗议，过度疲劳，精力无法集中了。

你找到了身体的小破绽并马上去改变现状，一段时间之后你会感到十分轻松，内心充满喜悦，浑身充满干劲儿，这就是你通过身体跟灵魂沟通的效果。

早一点去跟你的身体沟通吧，仔细聆听它的声音，尽力满足它的诉求。我们的身体从出生开始就在为我们能活下去而努力，我们却不曾关注过它，它却一如既往地付出，不求回报。这样忠心的伙伴难道不值得我们花时间去了解吗？当你了解了身体也就了解了我们的灵魂，因为身体是可见的灵魂。

做一个爱自己的“身体主义者”

现在的人生活压力大，工作早出晚归，三餐不规律，甚至没有时间吃饭，长年累月身体都亮起了红灯。近年来年轻人生病概率越来越大，好像现代人的身体多多少少都有点问题，有一句笑谈：“你身上要是没点病都不好意思跟人打招呼！”

于是，几年前开始，健身成了上班族口中的热门话题，各种健身达人如雨后春笋般钻了出来，各大平台被健身教学视频充斥着，朋友圈里都在晒自己健身的照片，还会分享心得，最重要的就是分享自己的健康饮食，放眼望去朋友圈一片绿油油。

对于健身，我自己也很有感悟。十来岁的时候整天上蹿下跳，玩儿心很重，一到周末就叫着小伙伴儿去爬山，每天吃完晚饭还要跑到公园跟同学玩，运动量特别大。那时候没有压力，没有忧愁，每天也没什么好愁的，身体特别好，一年到头连感冒都很少。后来上了高中，学习压力变大了，忙着准备人生中第一个重大考验—— 高考。也不爬山了，晚上也不出门了，在学校和家之间奔波，每天感觉肩膀很酸，睡眠质量差，好在吃饭还很规律，身体没有出现太大的问题，就是免疫力下降，频频过敏。

到了大学，课业很轻松，但三餐很不规律，运动量极低，微信运动经常是两位数。两年后，小病不断，每次感冒都要去输液，不然就久久不愈。大二下学期，我终于醒悟了，在学校对面的健身馆报了瑜伽课程，每天晚上去练瑜伽。

瑜伽班里除我们学校的学生之外，还有很多中年妇女，估摸着有四十多岁，跟我们一块练。刚去第一天哪个动作也做不标准，而且超级疼，看着别人做的动作那么优美我心里可着急了。老师看着我别扭的样子说："慢慢地进行每一个体式，试着去感知你的身体，做到自己能做的位置就好，不要与别人攀比，在你能做到最大的限度上停留，每个呼吸在一点一点往前加深，慢慢来不要着急。"

她的声音好像有一种魔力，让我焦躁的心平静下来，专注于我的每个动作。一节课下来浑身肌肉酸得不行，但是有一种很轻快的感觉，晚上回到寝室一上床眼皮就开始打架，早早地就睡着了，这一晚上我睡得格外沉。第二天早上起来精神饱满，不像之前一样昏昏沉沉总觉得没睡醒，肩膀也松快了许多，颈椎也不那么难受了，感受到身体的变化之后我很开心，决定要坚持练下去。

坚持练了一年的瑜伽，身体变化真的很大，那年夏天是我最瘦的一年，身体的线条变得修长，生病也少了。最重要的是我的心态发生了很大变化，变得积极向上了。

其实不光是练瑜伽，去健身房，运动是不分方式的，你可以跑步、跳绳、跳舞、爬山、多走路，都可以锻炼我们的身体。现代的都市人就是运动太少，身体机能下降才会引发各种疾病。我觉得现在运动量最大的可能是老年人了，每天早上上班的时候，会看到路上有很多老人在晨练，坐在公交车上，看见大爷大妈拎着在市场买的菜，大包小包地挤公交车。下午天气好的时候，满公园都是老人，下象棋、打扑克、跳交际舞、玩鞭子空竹、放风筝等，做什么的都有，晚上吃完饭还要出门遛个弯儿，这一天都没闲着。

我姥姥身体就特别好，每天早上五点多就起床，天气暖和就去早市转转，回到家上午收拾收拾屋子，中午睡一觉，一两点钟跟隔壁的奶奶一块去公园转转，两三个小时回到家，吃完饭还要到楼下绕着小区转几圈。姥姥每天的运动量都十分达标，身体也特别好，能吃能睡心情开朗。

人还是要运动，运动除了可以强身健体，还可以锻炼人的意志。但是有一个问题，我们可能都有应该运动的觉悟，计划也做了很多遍，但总是被这样那样的事情打乱。你想好了每天下班要去跑步，回到家看到舒服的沙发就不想动了，所以我特别佩服能坚持锻炼的人，他们能克服自己内心的懒惰，能够战胜自己的人还有什么是战胜不了的呢？

有的人会想："我真的太辛苦了，从早到晚地工作，回到家好不容易可以休息，却还要运动，太累了，我没有力气锻炼。"确实，回到家之后人会变得更加懒惰，看着网上的健身达人们，每天工作完回到家还有满满的运动计划，觉得他们像是陀螺一样，不停地在转，感觉我们自己很难做到像他们那样。但是，你要知道身体是自己的，你忙到没有时间照顾它，结果就是身体变得越来越差。之前我们说过，身体是外在的灵魂，你的身体变差了，直接会影响你的情绪。想象一下，一个整天浑身病痛的人，他的精神状态和一个身体强壮的人的精神状态，能一样吗？

现在的社会，无时无刻不逼着你前进，逼得你没有喘息的机会，只能一直往前，你的身体为你承受了多少的压力？它是你内心的保护壳，坚定不移地保护着你最柔软的部分，而且我们的身体是从出生陪伴你到老的忠实伙伴，对你不离不弃，你怎么忍心去伤害它呢？

你的身体，是一切美好的开始，让我们从明天起，成为一个爱自己的“身体主义者”吧，从明天开始关注自己的身体，倾听它的声音，内外兼修，让外在和灵魂一起变得完美。

唯有身体，与你生死相依

我们来到这个世界上，看繁花盛开，体会人情世故，谈几次轰轰烈烈的恋爱，交几个志趣相投的朋友，这样的人生虽平淡但也没有遗憾。

有一部电影叫《非诚勿扰》，里面有一个片段，两人去参加一个朋友的葬礼，这个葬礼有点特殊，葬礼的主人也参加了自己的葬礼。他说想看看自己死后有谁是真的惦记他，有谁是无所谓。当时看的时候我觉得很有趣，想着以后也要办一场这样的葬礼，后来在网上看到一个问题：你的葬礼上有没有能叙述你一生的朋友，我想了很久，答案是“没有”。

人生就是这样，你身边总是换着一批又一批的人，每当换一个新环境，你身边就会有新的人出现，这是没办法抗拒的。

但是我很羡慕《非诚勿扰》中那个葬礼的主人有着一个可以讲述他一生的朋友。

与家人相处是我们来到这个世界上的社交初体验，我们要在日常生活中找寻跟家人相处的方法，找寻规律，这种模式也会被运用在以后与人相处中。家人可以说在生命中占了很大一部分比重。一般来说，跟家人相处，是所有我们与外界关系中最放松的一种，但即便是这样，家人也没办法陪我们一直走下去。

人生来就是孤独的，独自一人来到这个世界上，先是碰到了家人，在家人的呵护中慢慢长大。接着我们会碰到朋友、爱人，体会他们所带来的喜悦、痛苦、悲伤等各种情绪。但是，我们还是孤独的，因为我们是独立的个体，存在自己的思维，没有人会真正理解另一个人的思维，在不被理解的时候，我们会感受到无助，孤独，会产生一种与世界脱轨的感觉。在孤独的时候，就算是至亲、挚爱也无法慰藉，这时候我们的身边就只剩下自己的身体。

人由两部分组成，一部分是意识也可以说是灵魂，另一部分就是身体，而身体由各个器官、神经等组成。小的时候第一次摔倒，你的神经让你知道了什么叫疼痛；第一次吃到糖，你的味蕾让你感受到甜。最开始的一切感觉都是来自身体，我们用身体去感知世界，用身体去认识事物。从出生我们带着灵魂和身体来到这个世界上，一起体验这个世界的酸甜苦辣，可能中途身体会出现问题，会生病受伤，但是不管怎么样它还是会陪在你身边。

我们的身体陪着我们经历风雨，在你难过的时候身体也会难受，你喜悦的时候身体也会变得轻松，身体是唯一能感你所感，知你所需的。

之前在网上看到一个有点奇幻色彩的故事，在一个小镇子里有一位男子，男子小的时候生了一场怪病，跑了很多家医院，又吃药又打针，折腾了小半年还没好，家里人特别着急。

有一天，一个道士路过他家门口，自顾自地就进来了，来到了男子的床前，用手指点着男子的眉心说“走吧”，然后道士就离开了，没过多一会儿男子就醒了，病也好了。家里人很感激那个道士，就四处打听他在哪里落脚，找了很多年也没有一点消息。

后来男子三十岁那年，家里突遭变故，老婆出轨，父母出车祸去世了。他忍痛料理完父母的后事，呆坐在家里看着空荡荡的家，感到整个世界都黑了，所有人都离他而去。从那之后，男子开始自暴自弃，每天浑浑噩噩什么都不做。工作丢了，家里的存款也被老婆骗走了，家里乱七八糟，也不收拾自己，走在街上行人唯恐避之不及。

两年后的一天，他突然感觉到有人在喊他的名字，眉心有一股力量拉着他往郊外的山中走去，他随着那股力量来到了山中。此时已是傍晚，只见林中有一个小木屋，窗户透出暖暖的光，男子朝着木屋走过去，刚到门口门就开了，里面坐着一位面容和善的老者，正捋着胡子朝他笑。

男子走进屋子，坐在老者对面，老者先开口说话："孩子，你还记得我吗？"男子摇了摇头。老者哈哈大笑："没关系，我可记得你，还在为父母的事情伤心？"男子既惊讶于老者知道自家的事，又想起父母骤然离世的悲痛，低头不语。老者摸摸他的头说："孩子，天灾人祸不可避免，逝者已逝生者要保重啊，你的父母定然不会想看着你沉浸在悲痛中不肯走出来。"男子趴在桌上，不知为何，当老者把手放在他头上时，压抑了两年的悲伤一下子全涌了上来，再也控制不住，像个孩子一样放声大哭。过了一会儿男子渐渐平静下来，感觉有很多话想说又无从说起，老者拍拍他说："不着急，慢慢来。"

男子深吸一口气，跟老者讲述了自己的伤心经历。他说："我身边的人都离开我了，我孤零零地在这世界上，我该怎么办？"老者摇了摇头："你不是独自一人，你还有一个最忠诚的伙伴。”男子疑惑地看向他，老者伸出手指向男子：“你还有你的身体，它会一直陪着你。”男子没听懂老者的话，仍呆呆地看着老者。老者接着说：“在你的生活过得美满的时候，你的身体也一直在陪着你，你遭受变故，亲人朋友都离你而去，你的身体还是陪着你，这两年你过得邋里邋遢，所有人都嫌弃你，只有你的身体没有嫌弃你，还是陪着你。”

男子低下头看着自己的手，突然明白了话中的含义，老者看着男子眼中慢慢升起的光亮继续说：“不要以为你的亲人、爱人都离你而去了，你就是孤身一人，不要因为孤独就放弃生的希望，你并不孤独。”男子用力地点点头，老者满意地笑了：“好了，走吧。”

男子离开小木屋，回到家把屋子归置整齐，再把自己收拾干净，去应聘。一年之后男子在工作中表现越来越好，并且重新找回了生活的乐趣，想再去找老者感谢他，但是怎么也找不到那个小木屋了。

爱人、朋友、家人都会在人生的路途上中途离开，只有我们的身体会一直陪着我们，不离不弃。所以爱护自己的身体，怀着感恩的心对待自己的身体，跟身体一起在这个纷乱的世界里顽强成长。

学会聆听身体的“倾诉”

我们与身体的羁绊可以说是很深远了，时刻寸步不离的身体，你真的了解吗？有跟它沟通过吗？

身体每天都在变化，不注意的话是不能发现的，不是所有人都知道如何跟自己的身体沟通。我来举个例子：晚上躺在床上准备睡觉了，首先要找一个让身体觉得舒适的姿势，相信这是每个人都有过的体验，这个找姿势的过程就是你在跟身体进行沟通的过程，你会专注于身体的感觉，用心感受身体的要求。那在平常的时候，我们要怎么与身体沟通呢？

听我来讲一个故事。

前文中说过，我大二的时候接触了瑜伽，每天一种瑜伽的课程，老师都是不一样的，其中周四的课最累，但那个老师的体型气质最好，我也最喜欢。每次下课我都找她聊天，慢慢就熟悉了。

这个老师有一个童话般的名字，叫安娜。大学毕业之后她到设计公司上班，朝九晚五，但是晚上总要熬夜作图，作息时间不规律，每天盯着电脑颈椎也不好。后来接触了瑜伽，上第一堂课的时候，老师跟她讲了如何与自己的身体沟通。刚开始，她也跟我一样体式做不到位，也很着急。老师告诉她慢慢来，试着与自己的身体沟通，试着聆听身体的倾诉。

练了一段时间之后，安娜发现自己爱上了瑜伽，在体式中的冥想让她获得内心的宁静，做每个体式时跟身体进行沟通，聆听身体的倾诉，让她与自己的灵魂更加亲近，感觉拥有了源源不断的能量。

在练习瑜伽一年后，安娜决定考取瑜伽教练证，她要把这种聆听身体的方法教给更多的人。经过半年多大强度练习，安娜终于获得了资格证，她找到了可以兼职的瑜伽馆，白天上班下班后就来到瑜伽馆做教练，她说这样的生活很充实，做着自己喜欢的事情，还能给更多的人带去能量和健康，她很开心。

在人心浮躁的现代都市生活中，我们每天忙忙碌碌，根本没有闲暇去关注自己的身体，长年累月下去身体就会被拖垮。

瑜伽的冥想可以帮助我们更好地去聆听身体的倾诉，在做体式时会用心地观察每一寸肌肉是如何伸展、如何收缩，与身体进行沟通，会让体式做得更标准。

《遇见未知的自己》一书中，有一节提到了瑜伽，里面有这样一段话："基本上，任何能让你专心一致、活在当下的运动，都可以帮你与身体重新联结，所以运动本身不重要，重要的是你在做它们的时候的心态和状况。所以无论是跑步、快步、游泳、太极拳、气功、瑜伽，只要你能够专心地观照自己的身体，这些运动都可以成为一种冥想。"也就是说，无论选择哪种运动方式，只要找一个你能接受并且愿意去坚持的运动，在运动的时候，把心思全放在身体上，身体的每一个动作、每一次舒展都用心去体会，慢慢地你就会听到身体的倾诉，也可以达到一种冥想的状态。

学会聆听身体的倾诉还可以减少疾病的发生。我们生病的前期，身体都会以一种特殊的方式告知我们。网上有很多生病前期身体的预告：夜晚的时候看不清东西，这可能会发展为夜盲症，这是身体在告诉你该补充维生素 A 了；容易患感冒，这是抵抗力下降，该服用维生素 C 了等一系列的信号。现在流行养生，十几岁的孩子都知道保温杯里泡枸杞，但是养生也是要因人而异的。你在网上看到别人喝什么茶，觉得很好，你也喝那种茶，结果因为茶性太凉了你的胃受不了，出了问题。

身边还有一个朋友，二十几岁的男孩，偏偏觉得自己肾虚，买了好几瓶六味地黄丸，每天吃几十颗，吃了三瓶以后更虚了，冬天一走路就浑身冒虚汗，气得回家直接把药扔了。

这些都是没有听身体倾诉的后果，盲目地去学习别人，认为别人需要的自己也需要，最后受罪的还是自己的身体。我们要学会留意身体发出的各种信号，依照信号来选择怎么去保养，特别要注意的是，不要因为东西好吃就多吃，切忌贪多。人参再好，吃多了也会要了性命，还有什么鹿茸、灵芝之类，看似灵丹妙药，如果你身体不需要，吃了反而会伤害自己。

“如果我们习惯于注意自己身体的感觉，时时安抚照顾它的话，很多疾病就不会因为日积月累而产生。”

身体还会反映出我们的情绪。相信大多数人都有紧张或者惊吓之后，胃抽着疼的经历，那就是我们的身体在消化情绪。根据世界心理卫生组织的统计：我们 70% 以上的情绪，都会以“攻击”身体器官的方式来消化自身的情绪困扰。

我记得有一次我跟弟弟两个人在家，弟弟突然开始流鼻血，刚开始以为只是一点点，结果止不住地一直流。那时候弟弟才五岁，被吓得直哭，一直问我：“姐姐我不会死吧。”我也很害怕，但又不能表现出来，只能强装镇定地安慰他："不会的，只是流个鼻血，没关系的。"同时，大脑飞速转动，要是还止不住我应该怎么办？我用了印象里所有止鼻血的方法，血总算是止住了。

这时我才发现，自己一直保持着半蹲状态帮弟弟堵着鼻子，我俩的衣服都沾上了鼻血，弟弟脸上全是眼泪和血弄得像个大花猫，狼狈极了。止住血之后，我站了起来突然感觉胃拧着疼，疼得站不直，只好扶着东西坐下。后来在一篇文章里知道，人在心里高度紧张和害怕时，胃会感到疼痛，想来我那时候真的是吓坏了。

产生情绪之后，我们的内心可能不会有什么感觉，但是身体却能马上感知到情绪的产生。所以，学会聆听身体的倾诉还可以及时发现内心的负面情绪，发现之后就可以去找寻产生的原因，然后可以消灭负面情绪，引导自己更加积极向上。学会倾听身体的倾诉，让身体变成指引我们追寻真我的灯塔，变成情绪的掌握者。

多去聆听身体的倾诉吧，去发现真实的内心世界，让我们的心灵和身体一样变得健康。

接受肉体的不完美，才能真正自信

歌德说过：“十全十美是上天的尺度，而要达到十全十美的这种愿望，则是人类的尺度。”

上帝在创造人类的时候，为我们的身体留下了这样那样的小瑕疵，所以说人没有十全十美的，但是人总是在追求十全十美。

日本有一部电影叫《狼狈》，讲的是一个又肥又丑的姑娘莉莉子，她原本在专供有“肥妹癖”人士寻欢的夜店工作。但是她不愿意就这样一直过下去，所以进行了风险极高的全身整容手术。

脱胎换骨后的莉莉子，凭着人造天使脸孔以及魔鬼身材，火速成为各大顶尖时装杂志和国际名牌的御用模特，成为男人眼中的女神，女人眼中的模仿对象。当莉莉子沉浸在万人拥戴的成就感的同时，警方盯上了她。原来莉莉子做整容手术的那家医院被牵扯进一桩自杀案中，警方查出那家医院进行非法的人体器官移植，被移植者手术后会产生后遗症，为了维持美丽只能一直在这家医院进行手术。

这时候，莉莉子的手术后遗症也开始侵袭她，身体上出现了一块又一块的青斑。原本约定好的结婚对象毁弃婚约，与别的女人出双入对；拥有更加可人容貌的新人模特代替她成为新的御用模特。莉莉子拥有的一切东西都离她而去。

她还是用尽一切办法捍卫自己的位置。她的助理为了帮莉莉子上头条，向媒体曝光了莉莉子整容的经历，大家看到这条消息的时候大失所望，骂声一片。在最后一次发布会时，莉莉子当着所有媒体的面，拿着刀刺向自己的眼球，从此便消失在人们的视线中。

当所有人都以为莉莉子已经去世的时候，镜头来到一个地下夜店，昏暗暧昧的灯光下，莉莉子戴着眼罩化着夸张的妆，像个女王一样坐在王座上，性感的衣物和她身上的青斑让她看起来更加魅惑。

莉莉子因为觉得自己丑，嫌弃自己的身体而选择去做整容。

影片中，莉莉子送给从不化妆的女助理一支名牌口红并对她说：“这就像吸毒，会上瘾的。”这句话更像是对自己说的，她为了美丽，为了获得众人的喜爱，一次次整容，不惜伤害自己的身体。在莉莉子整容的丑闻被爆出之后，一些年轻的女孩子，一边对新闻中为美不惜一些代价的莉莉子嗤之以鼻，一边不停地用化妆品在脸上涂抹。

我们出生之后身体就跟随我们，有的缺点是与生俱来的，没有办法改变。比如有的人从小就胖，喝凉水都长肉，长大之后觉得自己的身体很难看，又做不到运动节食，就选择吃减肥药，减肥药的广告越来越多，种类也很多。比如减肥茶、代餐、减肥饼干等，这些东西有的是抑制你的食欲，吃了之后产生饱腹感；有的是让你腹泻，给你一种身体被掏空的感觉；还有的就是药剂，有减肥效果，成分却不知是否安全。

对于减肥药我深有体会。上大学的时候，因为要参加艺术考试，我努力地减肥，但是还达不到自己的标准。看到朋友圈有微商在卖减肥药，看着微商晒出的各种反馈，特别心动，就买了一个疗程。买回来之后每天按时吃药，天天盼着体重会下降，一个疗程都吃完了，并没有什么效果。

我询问那个微商，她对我说因为各人的体质不同，效果会不同，让我再买一个疗程。我犹豫了一下，没再买。跟好朋友说起这件事，她说我被骗了，很多微商卖的都是三无产品，如果没效果就说是你体质的问题，就是骗人的。我恍然大悟。

另外一个女同学就没有我那么幸运了，她也因为自己胖而吃了减肥药，吃了两三个疗程，效果是真的很明显，但是身体却越来越不好，体质变得很差，身上大片地起紫斑，腿莫名其妙地水肿。四处求医，好几年也没调理好。

爱美之心，人皆有之。不论男女都希望自己拥有最完美的外形。特别是女生，更希望自己拥有完美的身材和姣好的容貌。

然而，我们每个人之所以在人群中被区分开，就是因为我们的身体不同，性格不同，所以才有了各自不同的生活。美是没有标准的，你要学会接受自己肉体的不完美，正是因为这些不完美才造就了独一无二的你，没有大长腿怎么样，没有小蛮腰又怎么样，你的身体就是你最宝贵的财富。

每个人都拥有自己独特的美，这种美是你与生俱来的。不要去费力追逐并不属于自己的美，悦纳自己的身体，慢慢地你会发现它真的很美。

内在的力量，会影响外在的仪态

张德芬说过："什么样的人最有魅力？我愈来愈觉得，答案就是，内心有力量的人。什么叫作'有内在力量'？就是遇到困难，碰上痛苦时，能够坦然与自己的负面情绪相处。困难大家都有，痛苦每个人也不缺，只要是人，这些都不可避免的。但内在力量强大的人可以不受苦。"

内在的力量，通俗一点说就是你的心态，遇到困难百折不挠，勇往直前的冲劲儿。记得以前看到过一个同学的网名叫"最强的肌肉是我的心"，当时觉得很奇怪，后来慢慢地觉察出这句话的意思，他是说他的内心有着最强的力量。强大的内在力量是可以帮助人们获得成功的。

举一个我们从小就知道的例子——史蒂芬·霍金。他的一生十分传奇，他是有史以来最杰出的科学家之一，超越了相对论、量子力学、大爆炸等理论而迈入创造宇宙的“几何之舞”。他发表了《时间简史》《时间简史续篇》《霍金讲演录——黑洞、婴儿宇宙及其他》《时空本性》《未来的魅力》《果壳中的宇宙》等著作。这样的一个科学界的巨人，却从 21 岁开始饱受病痛的折磨。由于患上了卢伽雷氏症肌肉萎缩，他被禁锢在轮椅上，只有三根手指能够活动，疾病已经使他的身体严重变形，头朝右边倾斜，肩膀左低右高，双手紧紧并在当中，握着手掌大小的拟声器键盘，两脚则朝内扭曲着，嘴已经歪成 S 形，只要略带微笑，立刻就会现出“龇牙咧嘴”的样貌，这已经成为他的标志性形象。

面对病魔，霍金不仅没有退缩，而且还越发努力地研究科学。在患病初期，霍金以为自己将不久于人世，所以加速研究的进程，他要用生命的最后时光造福人类回报社会。他在黑洞研究和大爆炸理论研究上贡献巨大，这两个学说也奠定了他在科学界的地位。我们总会在网络上看到霍金坐着轮椅到各大学做演讲的报道，他的声音通过电子设备转换，敲击着每一个人的心。

21 岁，青春年华，在这个正宜展翅高飞的年纪，霍金得知了自己的身体将会一直萎缩，行动只能靠轮椅，整个身体只有三个手指可以动时，他没有气馁，没有怨天尤人，而是用自己的大脑代替自己的身体遨游在宇宙中。这就是内心的力量，霍金拥有强大的内心力量，所以他会在生病之后坚持做研究并且取得了傲人的成就。

内在的力量是一股神奇的力量，那如何得到这股力量呢？

第一点，信任。你想要相信自己真的有这份力量，相信自己的生活可以过得丰富多彩，相信生活已经为你安排好属于自己的道路，你只要坚定地走下去，相信自己就可以成功。

第二点，接受。接受生活所带给你的各种困难，不再去纠结为什么会发生，发生了就发生了，你要想的不是为什么会发生在你身上，而是学着去接受事情发生之后的后果，不要为难自己。

第三点，情绪稳定。遇事不要太急躁，学会控制内心的情绪，在心里消化掉你的情绪，时间长了，你的内心就会变得有力量。

第四点，负责。为自己的情绪、行为担负起责任，在你知道要负责任之后，会不自觉地留意自己的行为有没有对别人产生伤害，这也是锻炼内心的一个方法。

第五点，发现自己内心真正想做的是什么。怎么去发现呢？你观察自己在做什么事情的时候内心是平静的、愉悦的，这件事情就是你喜欢的、想做的。

第六点，不要试图去干预别人的生活。不管是对伴侣还是对家人或者身边的人，都不要去左右他们的想法和行为，不给自己添无谓的烦恼。

第七点，学会感恩。怀抱一颗感恩的心面对世界，认为所有的事情都是一种恩赐，就算是不好的事情也把它当作是一件外包装丑陋的礼物，你抱着这样的心态去面对世界的时候，很多事情会变得不一样。

这七点都是可以帮助你得到内在力量的方法。为什么我们要得到内在力量呢？除了有内在力量的人容易获得成功，还有就是内在力量强大的人，外在的仪态也是不一样的。

拥有“台湾第一美女”称号的林志玲，之前上过一档综艺节目《奇葩说》，镜头前的林志玲容貌姣好，身材还是那么紧致，脸上挂着甜甜的笑，依旧是记忆中的样子。她毕业于多伦多大学，获得了西方美术史和经济学双学位，回国后作为模特进入娱乐圈，她除做模特之外也尝试做演员，参演了很多电影。

人们对于林志玲的褒贬是成正比的，很多人欣赏她的高情商和美丽的外表，也有人攻击她演技差，做作，虚伪，一度称她为“票房毒药”。

年少就出国求学让她练就了强大的内在力量，面对网友的语言攻击，林志玲选择接受但是她没有把自己陷入这些恶意的语言中，网友说她演技不好，她就一直努力提升，为求真实感险些丧命。受伤复出之后的她更加强大，她因为内心力量强大所以永远是一副温柔、优雅的样子，看着她浑身都散发着光芒。因为内心力量的支撑，她的身体挺得笔直，气质非常好。这就是我们所说的，内在的力量会影响外在的仪态。

我们可以发现，一个内在力量强大的人，他的仪态跟普通人差别是非常大的。内在力量会让人产生一种积极面对人生的态度，会带给身边的人正面积极的力量，让人充满蓬勃的朝气。

第4辑

让生命的
能量自然而然地流动

打开城堡的大门，走出去，见天地

跟世界相比，我们十分渺小，如一粒灰尘。在这个世界上有各种各样的风景，等待着我们去探寻。

我们从出生就生活的地方就像是一座城堡，这座城堡可以满足我们所有的要求，有家人、朋友甚至爱人，我们可以一辈子都在这座城堡里不出来。但是，城堡外面的世界是神秘而美丽的，人活在世上一辈子，只在那一个小地方，不出去看看山川大河，体会别样的人和事物，到生命结束的时候，难道不会成为一种遗憾吗？

我身边有很多朋友，从出生就没有走出家乡。这些朋友分为两种：一种是想走但是内心有很多顾虑，比如我初中的同学

在城堡里不敢出去。孙迪是认为自己没有必要去外面看看，他非常满足于现在的生活，根本就没想过要走出城堡。他们这样也情有可原，跨出舒适圈很不容易。莹莹需要的是勇气，她需要一把打开城堡大门的钥匙；而孙迪是坐井观天，他认为自己见识过的天已经是全部的天了，他的思想很狭隘，也无法理解我们对外面世界的向往。

“走出去，你才会发现世界原来如此之大，才会发现人群中匆匆一眼的惊魂，才会领悟什么叫世间所有相遇，都是久别重逢。”

“世界这么大，我想去看看。”前几年这句话火遍了各大社交平台，掀起了一股旅游浪潮。都说“身体和心灵总要有一个在路上”，多出门看看外面的世界，不仅是去感受身体上的放松，更是一种心灵上的洗涤。在见过不同的山川，闻过不同的花香，触摸过不同的建筑之后，你才会知道自己是多么渺小，这天是多么广阔。走出舒适圈，走出那座城堡，看过万千世界之后，你的眼界就会变得宽广。

很多人说心情不好就去旅游，不仅是逃离那个让你烦心的环境，也是让你见见更大的世界，在你见过这世界的广博之后，你会觉得自己所纠结的事情那么渺小，自然就会放下让你烦心的事。

小说《老情书》中有一段话："老和尚说终归要见山，但是你们经历过见山不是山吗？不趁年轻拔腿就走，去刀山火海，不入世就自以为出世，以为自己是活佛涅槃来的？我们的平平淡淡是苦出来的，你们的平平淡淡是懒惰，是害怕，是贪图安逸，是一条不敢见世面的土狗。"

人这一辈子总要见见外面的世界，待在城堡里面不出来是过得很安稳，但是等老了回望过去的时候，你会觉得遗憾，为什么在年轻的时候没有逼自己一把，看看城堡外面的样子呢？所以为了不留遗憾，也为了开阔视野，趁着年轻，趁着阳光正好，打开城堡的大门去拥抱，去体会外面的世界，走出去！见天地！

生活中有 90% 的“心”苦，是没必要受的

生活中总会碰到不如意的事，更有甚者每天都觉得不如意，好像老天跟你作对一样，处处不顺心。但是你有没有想过，生活中的这些“心”苦，有 90% 都是没有必要的。

什么时候我们会觉得“心”苦呢？

第一，放不下。每天我们要面对很多事情，这些事情有的会让我们开心、喜悦，有的会带给我们烦恼、痛苦。事情是没办法选择的，你无法阻止它的发生，你能做的只是顺其自然地接受它，体会它给你带来的痛苦烦恼之后就放下，让这件事离开你的内心。

第二，不知道活在当下。一个人若总是为已经发生的事情懊悔，为还没发生的事情担忧，那他就会一直沉浸在自己制造

的烦恼中。过去的事情就过去了没有必要再去纠结，结果已经无法更改了，还没发生的事情你再怎么担心它还是会发生，你做不了什么，只是在徒增烦恼。

阳阳在房产公司上班，每天坐在办公室给客户打电话，从上班一直打到下班。遇到心平气和的客户还好，要是遇到不耐烦的客户，免不了要受些委屈。这天，阳阳早上起来就很忐忑，一想到今天可能会挨客户骂就很烦躁。到了公司磨蹭了很久才拨通了第一个电话，没人接。阳阳很高兴，哆哆嗦嗦打了第二个，一接通是个大姐的声音，阳阳刚说了一个开场白，就被大姐的一顿连环炮弄蒙了，只能听着任由大姐骂。挂断之后阳阳不敢接着打了，心里那个难受啊。但是没办法，还是要工作，忍着难受接着打。不知道是因为这一天大家脾气都很暴躁，还是因为那个大姐开了骂人的头，这一上午每一通电话阳阳都挨骂。阳阳的心情就特别不好，感觉自己特别没精神还很累，好不容易熬到下班回到家躺在床上就不想动，一直在脑子里回想今天被骂的每句话。

刘乐是个室内设计师，他的问题在于总是纠结过去，担心未来。刘乐在一家挺大的公司做设计师，工作还算清闲，没有天天熬夜作图，只在接活的时候熬几个大夜。他每天无聊的时候就开始回想以前发生过的事情，每件事的前因后果，自己是怎么解决的，做了什么事说了什么话。想完之后就开始后悔，觉得自己哪个动作做得不够帅，话说得不够有力，应该这么说，不应该这么做……然后就陷入了深深的懊悔中。或者在做完一个项目之后，就开始想下一个项目有多么难做，甲方会提多少无理的要求，稿子要改来改去，没准费了好大心力最终甲方还是不满意等一系列的问题。所以虽然他每天工作很轻松，但是心里依旧很累。

阳阳对客户骂她这件事耿耿于怀，一遍遍地在脑海里回想，导致了她一遍遍地受折磨。客户发火是没有办法控制的，你能做的就是不往心里去，在他骂你的时候你就挂电话不听，也可以骂回去出气，当然不倡导骂人，这只是一种放下的方法。客户骂人是他的不对，阳阳没有必要记在心里，不要用别人的错误来惩罚自己。

刘乐总是活在过去和未来，过去的事情想也没用，没有时光机可以让你回到过去改变，既然发生了都已经是过去了，没必要再抓着不放。相信所有的事情，你当时那么做肯定都是注定的，事后你再去纠结“哎呀，我当时应该这样做”，是没用的。去担心未来，未来还没有到，无法预知未来会发生的事情，无法预知就无法避免，还费那个心去担心有用吗？你应该活在当下，享受现在所拥有的一切，看着眼前在你身边的事情，考虑怎么解决马上要做的事情。

放下和活在当下都是很难做到的，我们很难不去回想让自己难过的事情，每次回想起来又是一次痛苦。放不下这些痛苦的我们就像是在心里背了一个包，负重前行，所以常常会觉得心累“心”苦。

《人生没什么不可放下》中说过一个寓言故事。有一种很喜欢背东西的小虫子叫蝜蝂，它在路上爬行的时候会把遇到的东西都抓过来背在自己的背上。它的背很粗糙，因此这些东西放在上面也不会掉下来，遇到一个东西它就背着，慢慢地背上的东西很重了，重到它爬不动了也不会把东西扔掉。有人可怜它，帮它去掉背上的东西，但是，蝜蝂只要还有力气就会把被丢掉的东西再背回来。蝜蝂还喜欢往高处爬，用尽力气也不肯停下来，结果常常摔死在地上。

大部分人都会有像蝜蝂一样的时候，把一些情绪背在身上不肯丢掉，就算被压得喘不过气也要背在身上，时不时地把情绪拿出来折磨一下自己，再体会一次当时的痛苦，然后就会想为什么自己的生活总是不如意。

生活中 90% 的“心”苦，是没必要受的，这 90% 就是你在给自己找罪受。别人骂你了你要一直记着，而且每个字都记着，想起来一次就生一次气，这就是你给自己找的“心”苦；你今天不小心把手机丢了，买了新手机之后你就想：“哎呀，我要是不把那个手机丢了我也不用多花钱再买一个了，我怎么这么笨！”然后每次一看到新手机就想起来丢手机的事，这也是给你自己找的“心”苦；跟朋友聚餐，看着满桌的美味佳肴，你想着自己的体重，要减肥但是还想吃，开始埋怨自己为什么是易胖体质，这还是你自己找的“心”苦。

真的没有那么多烦恼、痛苦，凡事别纠结，学会放下，别总让你的心浸在悲伤中。别难为自己，事情看开点，多想一些好的方面，日子总是要向前的。痛苦是一天，快乐是一天，辛苦是一天，轻松是一天，何不选择让自己过得舒舒服服，保持心情愉悦呢？适当地给自己的心放个假，别让它一直绷着，消除 90% 的“心”苦之后，剩下的 10% 就不值一提了。

纠缠，会耗尽一个人所有的灵性

“有一些人，他们眼里有光，心里有火。无论是否身处险境都能勇敢面对，对未来充满希望，从不怨天尤人。而不是自以为看透一切，自以为成熟地去藐视一切。”

灵性，与智慧有关，这里的智慧也就是生命本真的状态，离本真越近越显得有灵性。其实在我们出生时，每个人都有灵性，这是与生俱来的。那为什么有的人慢慢就失去灵性了呢？

有灵性的人可以分为两种：一种是从小受到家人的关爱，在细心呵护下长大。他们成年以后内心对这个世界充满爱，可以抵抗负能量和消极的东西，把自己从小在家人身上学到的如何关爱别人传播出去。他们有了自己的孩子也会运用跟自己父母一样的教育方法，因此，他们的孩子也会充满灵性。第二种是没有在家人的呵护下长大，甚至从来没有受到正确的爱的教育的人。他们在小的时候就认识到世界的阴暗，但是在成年之后通过自身的力量，变得内心充满爱并且传播爱。

这两种人都会很有灵气、灵性，前者是了解世界的美好，想把这美好的世界给别人分享，在他们的眼里世界是充满爱的，他们怀抱着一颗善良感恩的心去跟人交往，所以会把美好带给别人；后者是了解世界的痛苦，知道这个世界的阴暗，自己经历过那些不堪回首的事，所以不会把痛苦带给别人。

一位禅师为了测试他的三个弟子哪一个最聪明，给了他们每人十文钱，让他们用十文钱想办法买来东西装满一个巨大的房间。

第一位弟子反复思考了很久之后，心想："什么才是市场上体积最大、价钱最低的东西呢？"他跑到市场上，买了很多棉花。但是买回来之后，只将房间装了一半多一点。

第二位弟子与第一位弟子的思路非常相近，他也在反复寻找市场上体积最大、价钱最便宜的货物。最终他挑选了最便宜的稻草，但是十文钱也只能将房间填满三分之二。

轮到最后一位弟子了，前两位弟子和禅师都等着看他的答案。只见他两手空空地回来了。两位弟子感到非常奇怪，禅师却暗暗点头。这位弟子请禅师和另外两位弟子走进房间，然后将窗户和房门紧紧地关上。整个房间顿时伸手不见五指，漆黑一片。这个时候，这位弟子从怀中取出他仅花了一文钱买的火柴和一文钱买的蜡烛。他用火柴点燃了蜡烛，顿时，漆黑的房间里一片昏黄的光芒。这片光芒虽然微弱，但是将房间的每一个角落都照到了。第三位弟子成功地仅用了两文钱填满了整个房间。

禅师的三个徒弟，前两个都是用的实物来填满屋子，用的是寻常人的思维，而第三个徒弟用的却是烛光，毫不费力地就装满了整个屋子。第三个弟子就是有灵性的人，没有死板地按照禅师的要求用“东西”来装满屋子，动用了自己的智慧巧妙地完成了师傅的测试。

“有灵性的人共有的特点是让其他人感觉很舒服，究其根本，无论外表如何严肃强壮，心中依然有一颗童心，保持一贯的善良并且会思考，不被现代社会的各种诱惑磨灭。在别人看来，他们依然拥有孩童善良的品质却拥有成人的思维方式。”

失去灵性，是因为在成长的过程中我们变得充满欲望，被社会上这样那样的诱惑所吸引，失掉了本真。

有灵性的人从外表就可以看出来，他的眼睛明亮有神，当你注视他的时候好像有光一样一闪一闪的。

童年时，我们家对门的小女孩秀秀就是我见过最有灵气的孩子，她的眼睛像星星一样，经常闪烁着光芒。那时候她是我们小区最聪明的小孩，十分讨大人的喜欢，小区的小朋友都喜欢跟她玩。每个见过她的大人都夸她，说她以后能有大出息。后来长大了，她考上了很好的大学，在学校当了学生会主席，跟老师的关系相处得都很好，大四又出去实习，进了一个不错的公司，毕业之后直接就去公司上班了，一切都顺风顺水。

我上了大学之后，就没有见过她了，有关她的事情都是从家人口中听说的：今天涨了工资，明天升了职，后天找了一个特优秀的男朋友，等等。我当时觉得她获得这些都是理所应当的，因为从小她就十分优秀，做什么都让人很佩服，跟她在一块玩很开心。

再见到她是在她的婚礼前一天，她给我打电话找我吃饭，到了餐馆，我见到她还是以前的样子，但是又好像什么地方有点不同了。席间，她跟我聊起这些年所经历的事情，告诉我明天她就要结婚了。我听着她讲那些事情，心里一直在想她到底哪里看着不对劲，突然我发现她的眼睛里没有光了，眼睛也没有那么亮了，还有轻微的血丝。

原来，我从家人那里听到的那些她的事情，只是最优化的版本。她自己跟我说的故事里没有彩带礼花，更多的是无尽的工作，与同事间的钩心斗角，她为了这些事情每天忙得四脚朝天。她跟我说现在要嫁的这个男生，是之前公司的经理，还在一起工作的时候这个经理就很喜欢她，但是同公司不允许谈恋爱，后来她就离职到了现在这家公司。现在这家公司跟她之前那家公司有合作关系，因为有男朋友跟她打配合，所以她在现在的公司升职很快。

听她说这些，我问她为什么要结婚，她说没有为什么，岁数到了就该结婚了，然后就低下头不说话了。我看着现在的她，跟印象里那个阳光、积极充满灵性的小姑娘再也重合不上了。

生活中处处充满了诱惑，也许你可以躲过一次两次，次数多了，身边的人也都这么做了，最终你也只能妥协。接受了诱惑之后，你会为了这一件事情翻来覆去地纠结，做还是不做，难以取舍，长期处在这种纠结中，就算是有灵性，最终也会被消磨殆尽。我们可以尝试着抵抗那些诱惑，遇到事情能避开纠缠就避开，实在避不开那就坦然地接受它，保留住内心仅存的一丝丝灵性吧。

内耗，来自内心的摇摆不定

我曾经在网上看到这样一段话："有时候，累来自自己内心的摇摆不定，累来自心里的内耗，你所有的精力，所有的关注点都在一点点小事上，一点点负面上，你就忘记，也没有精力去做别的事情了。这种内耗是致命的。"

我们经常会觉得自己活得好累。每天早上拖着沉重的身子起床，看着镜子里暮气沉沉的自己，开始洗漱，穿好衣服出门挤上地铁。早高峰人挤人，陌生人靠在你身上，你可以闻到他身上的汗味，感到一阵烦闷。好不容易到了公司坐在椅子上，早上的一切好像已经用光了身上所有的力气。一天在公司，没有什么特别重要的事情，看看这个改改那个，到了下班的时间又去挤地铁，到家已经是晚上八九点钟，瘫在床上拿着手机，开始在各个软件中间切换，转眼就半夜了。强制着自己洗脸、刷牙、躺在床上看着天花板：“唉，今天好累啊！”

为什么总是觉得自己累，为什么明明没做什么却浑身感到无力？这都是因为内耗。

内耗，是在没有外界能量的情况下，消耗自身的能量。比如让身体觉得很累，情绪低沉，对什么东西都提不起兴趣，莫名其妙的烦躁等。

为什么会产生内耗呢？因为我们的内心摇摆不定。那又是什么令我们的内心摇摆不定呢？

第一个原因，不得不提的就是，现在社会中，百分之九十的人都拥有的一个心理疾病——拖延症。拖延症，就是明明这件事应该现在做，但就是给自己找理由不做，一直拖到不能再拖，才急急忙忙地去完成。

彤彤在一家影视公司做后期剪辑，分给她的工作，有时候是一个完整的短片，有时候是一个片段。每次分到任务之后都会有一个限期，比如这个片子要半个月剪完，片段要三五天完成，她每次都是等到最后一天，甚至最后一个晚上才开始剪。这就导致她的片子剪得十分粗糙，上交之后总通不过，每次都被老板责备，但是她还是不改。她总说自己有别的事情要做，不得已才拖到最后，而她口中重要的事就是玩游戏、逛淘宝、追剧之类的。最后她被老板辞退了，再找了几个工作还是一样的结果。彤彤每次拖延的时候内心也很煎熬，想做工作但是内心是抗拒的，想玩手机但是玩了心里又惦记着工作，做什么都不能用心去做。

第二个原因，就是现在的新人类的通病——戏精。虽说人生如戏全靠演技，但是有的人总是给自己加戏，明明没有他什么事，偏要自己往身上揽，内心戏多得不得了。

佳微是个广告公司的职员，平常在公司没什么存在感。有一次公司聚会之后，公司最帅的主管发了一条朋友圈，一张聚会场地的照片配文“你值得最好的”。佳微点开照片看到右下角有自己的身影，照片上只有她一个人，看到之后佳微脸红心跳，脑海里浮现了之前跟主管相处的种种细节，虽然没说过几句话，但是每次主管都很温柔，更加坚定了主管暗恋自己的想法。第二天上班，在电梯里佳微很紧张，不知道如何面对主管，下了电梯就看见了主管，主管对她点头笑了一下就走了，佳微心想：“太明显了，这就是赤裸裸的示爱！”

从那之后每次看到主管，佳微都在心里想象两个人在一起生活的场景，看见主管就绷紧自己的每一根神经，一天下来已是身心俱疲。就这样过了一个多月，有一天主管给每个人一张请帖，他要结婚了，新娘当然不是佳微，一切都是她自己的幻想。得知之后，佳微还真的像失恋一样难过了很久。

第三个原因是遇事消极，张嘴就是抱怨。

孝铭就是个很愿意抱怨的人，仿佛在他身上永远没发生过好事情。坐公交车，车来晚了要抱怨嫌弃司机太慢，车上人多要抱怨说“不知道这些人都出来干吗，大早上上不上班的都出来凑热闹”，堵车要抱怨“这么多车不知道把路修宽一点吗，堵成这样上班都要迟到了，又要扣工资”。任何一件小事在他身上都要抱怨，他就像一个负能量的大载体，向别人传递着负能量。

在公司他也总是抱怨工作太多，这个做不完那个做不完，部门经理开会想让大家集思广益，为产品宣传想出一个策划，大家争相发言，每个同事说完想法，孝铭总要点评一句“你这不行……”他觉得每个人提出来的想法都不切实际，根本无法实现，做了也是无用功。听他这样说完同事们不服，就让他想一个，他又说自己没有想到，就觉得现在的宣传方法就挺好为什么要改，改了之后效果要是不好怎么办，会影响产品销量。面对他这种态度，经理也很不高兴，没过多久他就被辞退了，被辞退之后他更加消极，更加抱怨。

以上这三个例子在我们生活中随处可见，甚至在我们自己身上都可以看见他们的影子，负能量爆表的孝铭，拖延症患者彤彤，戏精佳微，他们的症状我们每个人都有，这也就是我们会觉得累的原因。

拖延症——这个问题出现了，我们就应该马上解决，而不是拖到不能再拖，让事情逼着我们去解决。到了最后时刻才去解决问题的时候，心里会懊悔为什么等到现在才解决，这是一种内耗。

戏精——有的时候我们就是太把自己当回事了，觉得别人的关注点都在自己身上，你做什么都有人看你，别人说的每一句话都跟你有关，所以不断地费心去猜，在心里不断地挣扎，到最后发现只是一场自作多情，这是一种内耗。

消极抱怨——谁都有心情不顺的时候，但是你不能总是怨天尤人，事情发生了之后总往消极的方面去考虑，那这件事就只能是消极的，你就会陷入消极、抱怨的旋涡无法脱身。这也是一种内耗。

内耗，来自内心的摇摆不定。上面所说的都是内心产生的一种情绪，都是内心摇摆不定的表现，这些情绪不断地消耗着你的内在能量，消耗着你身上的朝气，消耗着你的体力，时间长了他们就会完全占领你的身体思想，甚至有可能夺走你的生命。所以警醒起来，消除内耗，建立一个坚定、自信的内心。

比选择更重要的，是接受自己的选择

人生最重要的是选择，而人生更重要的是接受自己的选择。

当然，我们不妨这么说，人生最痛苦的是选择，最幸福的是接受自己的选择。

如果单纯地用选择来衡量自己的人生，很多人都会感觉自己不快乐。我以前喜欢看作家大冰的书，最喜欢里面的一句话："既可以朝九晚五，又可以浪迹天涯。"我还一度把它当成座右铭，但是我的好友第一时间给我当头棒喝。

"亲爱的，你咋那么天真？哪有你说的那种生活，好像只有家缠万贯的人才有资本吧，浪迹天涯，贻笑大方。"顺带发了个偷笑的表情。我知道他的好意，因为他知道我的处境，我也默默地接受了。其实我是心有不甘的。

一场说走就走的远行，对我们来说太有诱惑力了，每个人似乎都很享受把自己“扔在路上”的状态，把自己完全放空，天高皇帝远，无拘无束。这或许正是每个人都梦寐以求的生活。但是，我的脑子出现了一连串的但是……选择是一个人必备的经历，而且这是一个无法跳过的经历。拿我好友的例子来说。他的选择就很特别。

大学好友阿亮今年刚刚师范毕业，家里爸妈都是公务员，家里条件优渥，从小衣食无忧。本来家里打算，等他毕业后到他妈妈的单位上班，端上铁饭碗。可是大四上半年，一次偶然的机会，阿亮在小伙伴的召唤和“怂恿”下去了四川山区支教。当他看到山区那令人伤感的场景，看到孩子们那一双双被冻得开裂的小手，看到他们求知的眼神，看到因为爬山路被磨烂的布鞋。这个从来没有吃过苦的人，内心涌起了一个在别人看来根本就是荒谬、不可理喻的想法：他要扎根这个山区支教！

他觉得那片质朴的土地需要他，于是支教半年后，只有他留在山区继续支教。起初父母也没怎么反对，只是觉得儿子有爱心是好事，都很支持。所以，这半年，阿亮过得充实而快乐。不过，半年一过去，他就没那么好过了。他的几个同学都回到大城市里工作去了，而且都有了自己中意的女朋友，开始谈恋爱。只有他扎根山区，挣那微不足道的工资。父母的反对和朋友的嘲讽很快铺天盖地地传来。不仅如此，山区毕竟条件艰苦，他还因此经常生病。许许多多的羁绊让他喘不过气来，阿亮真怕自己扛不住外界的压力而选择放弃。很快，他的另一个羁绊就来了。

父母从百里之外的老家找到他，心疼得流下了眼泪。让他赶紧回去，并且已经给他安排好了新的工作。母亲很难过地告诉他："不是父母不理解你的情怀，而是希望你过得舒心一点，最起码看到自己的儿子和别人差不多，要不然你会有压力。"父母的话让他很难过，他理解母亲的苦心。

阿亮思考了一晚上，最终回绝了母亲。他千方百计地给母亲讲道理，话语里带着恳求。他告诉父母，山区有多么多么穷，这里孩子多么需要教育，他舍不得，也不能离开。有时候他自己也在想，为什么要受这份在别人看来傻到极致的罪，但是他觉得很多时候，人活着一定得有一种叫作责任和情怀的东西，这些东西是他不能割舍的。

他的苦口婆心有了作用。善良的父母也觉察到了他的坚毅和决心。

他最终还是留了下来。不久又有一个和他同样具有情怀的姑娘去了山区，两人很快走到了一起。这个结局很圆满。这个世界好像就是这么奇怪，冥冥中好像是有那么一种力量，在吸引着你我。

他的故事让我很欣慰，有很多人，在选择面前往往会慌了神，很多人都会顾此失彼。也没有人能够预见在选择背后所面临的辛酸。

林肯曾说过，人生就是选择题，所谓聪明的人，就在于他知道什么是选择。而我这里强调的是，一定要遵从自己的内心。阿亮在这一点上毋庸置疑的是，遵从并且尊重了自己的内心。为什么要加尊重二字，其实我们强调的是不仅要做选择，更重要的是要接受自己的选择。

其实和阿亮选择不同的人比比皆是，我相信每个人内心都有一颗独一无二的种子，深深地埋在一个叫作良知和责任的土壤上，他们希望用自己的泪水和善良去浇灌，让它生根发芽。

所以，对阿亮，我是满怀敬意的，不单是他的选择，而是，他一旦有了自己的选择，就试着去接受，即使面对羁绊，他也能千方百计地克服。

网上有句话很火，“爱笑的女孩子运气都不会太差”，我觉得这里面传达的不仅仅是一颗乐观向上、温情阳光的心，更是一种生活的智慧。我们要笑着去选择，遵从自己的内心，我们也要笑着去接受自己的选择，即使手里面是一把烂牌，我们也试着去打好。

比选择更重要的，是接受自己的选择。

让我们把生活再一次定位到生活坐标轴，去做好选择，选择生活坐标轴上别人无法代替的位置。毕竟，你的生活，如人饮水，冷暖自知。选择就是给自己定位，给自己寻找前进的方向，为自己的生命注入专属于你的激情，为自己收好你这一生该打好的牌，为自己的心灵选择一方温暖的净土。

当做出选择后，我们人生坐标就变成一个不可逆的成长足迹，我们做的就是去尊重自己的选择。虽然我们的选择可能被现实、困难等因素羁绊，但别忘了自己选择的初心，别忘了我们当初埋下的深植于心的种子。让我们用我们的真诚，努力去浇灌，让生命的能量自然而然地流淌，去与更好的自己相逢。

自然而然地生活，并不等于毫无作为

张爱玲说过一句话："生活，是一种缓缓如夏日流水般地前进，我们不要焦急我们三十岁的时候，不应该去急五十岁的事情，我们生的时候，不必去期望死的来临，这一切，总会来的。"

时光款款，我们沿着岁月的齿痕在用心过着我们的生活，这里面饱含了对生命的热爱和深情。我一直很喜欢用心、用情、用力生活的人。在这个光怪陆离的人间，自然而然地把日子过得如行云流水一般美好。

张爱玲的话里面也包含了对生与死的思考。英国诗人蓝德晚年写过一首《生与死》的小诗：

我和谁都不争，

和谁争我都不屑；

我爱大自然，

其次就是艺术；

我双手烤着，

生命之火取暖；

火萎了，

我也准备走了。

火萎了，我也该走了。

这首诗歌无论对于生命的思考，还是对人生的感慨，都让人感觉到生命的坦然和释怀。我们的一生，走过平湖烟雨，岁月山河，百转千折，历尽红尘劫数、尝遍生活百味，才会更加生动干净，自然质朴。

时间永远是旁观者，所有的过程和结果，都需要我们自己承担。有多少桃花满园，就会有多少落英缤纷。这是我们应该看清的自然法则，去自然而然地生活。

张姐是一位全职妈妈，大学毕业以后，因为相貌姣好，性格也比较温婉，所以工作之后没两年，就找了个如意郎君步入婚姻殿堂。很快，他们有了自己的爱情结晶，张姐就专心当起了全职妈妈。每天照顾孩子，从来也没有听过她叫苦叫累。有的朋友私下里给她打“预防针”：“张姐你可要小心了，女人一定要有自己的事业呀，要不然会有家庭矛盾了，一个靠男人养的女人是要被嫌弃的。”张姐却很坦然，付之一笑：“嘿嘿，没事，我现在是不工作啊，但不代表我不作为。当下我最重要的任务就是养好宝宝，尽量帮助我丈夫减轻负担，让他工作回来可以不怎么操心我和孩子。”张姐的话让我很吃惊。

后来我去过张姐家，客厅里摆满了各色各样的花，开得热烈而奔放，房间里收拾得井井有条，阳台上的绿萝也满含绿意，一进去就让人心情大好。不仅如此，每天她在闲暇之余，还会研究各种菜谱，给宝宝做营养餐，或者是给自己的丈夫来个小惊喜。

翻开张姐的微信签名，是尼采那句名言：“每一个不曾起舞的日子，都是对生命的辜负。”张姐这种生活姿态，让我很羡慕，也很感动。

在这个凡尘俗世中，作为一个再普通不过的生命体，我们很难做到自然而然地生活。就像一朵花，有自己的花语，有生存的使命，有自己的价值，也有自己的花期，最难做到的是随着岁月的流淌去自然而然地生活。

很多人都有这样一个误区，读惯了那些亢奋激昂的心灵鸡汤，就对号入座，不停地反省自己，是不是做得不好，甚至变成一个狂热的盲目跟潮者，对于自己的生活，却缺了一份自然。

其实我们不用否认，生命中的任何事情都有保鲜期，我们也应该有自己美好的愿望，但是如果仅仅是珍重地供奉在期盼的桌台上，那么它只能在岁月里积满尘土。而此刻我们做的就是简简单单地去打湿一块抹布，然后拭去尘埃。

很多时候会有人怀疑，真正的生活不应该是轰轰烈烈，像一把燃烧的火焰吗？是的，这种生活模式固然很美好，我们可能希望像明星一样，站在舞台上，无数的相机、聚光灯宠着你。你可能希望是某个知名企业的高级主管，手下带领着一群有志青年。你可能更希望是一个成功的演说家，侃侃而言，万众瞩目。但那些人都是少数。任何生活都会回归平淡，就像一场爱恋一样，两颗炽热的心擦出火花，终究会回归于琐碎的柴米油盐，锅碗瓢盆。其实这些再正常不过，我们要做的就是把那些看似不起眼的小事都当成生命的一场美好体验，让我们的生活变得精致，充满色彩。

作家泰戈尔说过：“生活本身就是一件简单易行的事。我想要的生活就是，平平淡淡的，当遇到挫折时想想自己所拥有的一切，顿时觉得生活没有想象中的那么糟，一切顺其自然就好！”

但是，自然而然的生活，并不等于毫无作为。

我们的生活可以自然到读一本书，听一首歌，许一个愿望。

我们可以在文字的国度里，寻找一丝安慰和感动，让心像是被阳光沐浴过一样惬意和舒服。

我们可以听一首歌，在音乐中享受片刻的轻松。

我们可以许一个愿望，来生与所有的美好相遇，与所有的善良相遇，与更好的自己相遇。

这些都让我们在自然生活中收获美好，在我们在平平淡淡，朴朴实实中享受一份美好，享受一份持久的感动。

请记住，自然而然的生活，并不等于毫无作为。所有的岁月静好，都是为了现世安稳。

呵护自己的负面情绪，别让它无处安放

“有人尖酸地嘲讽你，你马上尖刻地回敬他。

“有人毫无理由地看不起你，你马上轻蔑地鄙视他。

“有人在你面前大肆炫耀，你马上加倍证明你的优秀。

“有人对你蛮不讲理，你马上对他胡搅蛮缠。

“有人对你冷漠，你马上对他冷淡疏远。

“看，你讨厌的那些人，轻易就把你变成了你自己最讨厌的那种样子。这才是‘敌人’对你最大的伤害。”

这段话出自年轻的女诗人扎西拉姆·多多。我一直很喜欢这段话，也想以此为戒，告诉我自己，以及和我一样的广大女性朋友们。没有情绪的人是病人，这一点毋庸置疑。然而，我想说的是，不会控制情绪的人也是病人。

最近，我的一位女同事很烦躁，原因很简单，就是父母催婚。按理来说，我同事今年 28 岁，年龄还不算大。28 岁的生日过后，父母一下把她的婚姻大事提上日程，而且要求尽快解决。理由堂堂正正，她的妹妹早已结婚了，孩子都三岁了，她不能再拖了。她也理解父母的苦心，安排的相亲对象一个不落地去见面。但是事与愿违，尽管这些男的条件都不错，有房有车，但是没有一个让她心动的。所以后果就是被父母一顿数落，她也很委屈，毕竟爱情这件事得两相情愿。这不，刚好，因为她手下一个员工消极怠工影响了业绩，她也受牵连，被老板劈头盖脸地训斥一顿。晚上她约我一起吃饭，委屈的泪水止不住地流。其实平时她是一个特别乐观阳光的人，能力很强，但是……

我讲这件事的目的就是告诉大家，我们都会有情绪，包括自卑、烦躁、焦虑等，在不知不觉中带给我们许多困扰。

其实现实中，不乏说豪言的人，说自己可以有无所畏惧的坚强的外表，也可以承受生活好多的打击。然而现实总是打脸。

曾经说好的幸福和快乐，转眼就消失得无影无踪。我们原先晴空万里、碧澄碧澄的心湖，却一次次地百味杂陈，内心乌云密布、色调灰暗，夜晚一个人躺在被窝里咀嚼着莫名的失落，很苦，很涩。

在控制自己的情绪之前，先要了解自己的情绪。

心理学上有个著名的踢猫效应："一个父亲在公司受到了老板的批评，回到家就把沙发上跳来跳去的孩子臭骂了一顿。孩子心里窝火，狠狠去踹身边打滚的猫。猫逃到街上，正好一辆卡车开过来，司机赶紧避让，却把路边的孩子撞伤了。"而小张的经历就是活生生的例子。由此可见，学会控制情绪是必不可少的生活技能。我们学会了控制情绪，才会让我们拥有一个阳光的心态，也会让我们笑迎人生中的风雨。

所以我说，别让情绪伤了你。当你情绪波动时，请先闭上双眸，最好是让思维停滞、让记忆断层，给自己的大脑留短暂的空白，然后去思考，去扪心自问，我可不可以不生气。

如果得到否定的答案，那就强迫一下自己，让自己尽快远离。去看看湍急的水映出岸边的树影，凝望一下水中的小鱼，或者眺望一下远处空灵的山脉，好像心胸也变得宽广了点。

别让情绪伤了你，想一想，我们要试着去承认脆弱，接受不快乐的现实，也要承认失落、痛苦和绝望。毕竟狂风暴雨从未离开过人间。

但是，我们要做情绪的主人，要和情绪做朋友。要和生活做朋友，吞食人间烟火，摆弄柴米油盐，在平凡中发现快乐。当有情绪时及时去和大自然做朋友。不开心就是不开心了，只需出去走走，面对深谷密林放声大喊，或是告诉镜子里生气的自己："再生气就不美了。"也许，这样的日子，走着走着，在你不经意间，花就开了。走着走着，所有的不快就那么悄然隐匿了，只看到枝端叶尖的雨水点点滴落，湿了发丝，也平息了心湖深处一场跌宕起伏的风波。

别忘了，每天的好心情从一顿美味的早餐开始，生活是靠经营，而不是运气。我们要做情绪的主人，要做情绪的朋友，这样，你就会发现，阳光正暖，我们在笑。

第5辑

用心生活，
在现实中体验人生的真谛

人能带走的，只有自己一生的体验

三毛说过：“生命的过程，无论是阳春白雪，青菜豆腐，我都得尝尝是什么滋味，才不枉来走这么一遭！”

每个人都是两手空空地来到这个世界上，又两手空空地离开，这中间所拥有的一切，金钱、地位、人际关系……都无法带走，唯一可以被我们带走的就是自己一生的体验。

但是，这一生能按照自己的想法去生活的人实在是太少了，大部分人会为了金钱或者地位去生活，为了家人为了朋友去努力，忘了为自己而活，忘了实现自己的愿望。

我看过一部电影，叫《遗愿清单》，看完之后，我的感触非常深。这部电影讲的是两个原本毫不相干的人，因为患癌症住在了同一病房，后来两人成为朋友，一起列出在死前想做的事情，一起完成这份遗愿清单的故事。

影片的开头，两个男主人公卡特和爱德华躺在病床上，医生告诉他们得了癌症。卡特，他是一个修车工人，在自己的生活中，他很善良而且乐于助人，有一颗乐观的心。爱德华，是一个家财万贯的富翁。他们所在的这家医院就是爱德华名下的企业，由于一直坚持着"一房两床"的方案，爱德华不得不和卡特共用一间病房，爱德华病情较为严重，做完手术之后也没有家人来探望他，原来爱德华有许多财产，却没有亲人的陪伴。卡特跟爱德华正好相反，他没有爱德华那样丰厚的家底，但是身边有妻子的陪护，可卡特却对这种情况心生厌倦。

卡特在得知自己得了癌症之后，做了一个遗愿清单，但是后来听医生说他的生命只剩下不到一年，便生气地扔掉了清单。爱德华把清单捡回来，他觉得卡特的这个主意特别好，就劝说卡特跟他一起完成遗愿清单。卡特想了一下，同意了爱德华的提议，爱德华又添了几项在清单上。

卡特把这个消息告诉他的妻子，妻子非但没有同意还对卡特进行一番教育。原本就对夫妻关系感到厌烦的卡特，在受到妻子的阻拦后彻底爆发了，他说自己之前的生命都在为了家庭，导致自己的梦想和愿望都没有实现，现在自己只剩下不到一年的时间，他一定要去做些有意义的事情。于是，卡特和爱德华开始着手去实现自己的愿望。

他们陆续完成了跳伞、纹身、赛车、去各地旅游等愿望，在完成愿望的同时，两人的关系也越来越好。两人来到一处风景很好的场所里吃晚餐。在吃饭期间，爱德华提到了自己的女儿，他有过好几任妻子，但是女儿却只有一个，因此他很爱自己的女儿。多年前爱德华的女儿结婚，可是结婚之后却受到了家暴，爱德华就找人把女婿打跑了。女儿因此和爱德华大吵一架，从此两人的来往就很少了。

卡特在愿望清单上加上了恢复联系这一条，但是爱德华抢过来划掉了。两人在酒店休息，妻子打来电话，希望卡特可以回家，让自己来陪伴他度过最后的时光。爱德华想劝卡特回家，这时卡特说出了自己想和他出来实现愿望的真正原因，原来卡特讨厌自己的妻子，他对自己的妻子已经找不到年轻时的那种感觉，日久天长的相处已经让两人的新鲜感荡然无存。

在香港，卡特认识了一位年轻的女子，女子甚至向卡特表露出感情，卡特突然想念起了自己的妻子。回到酒店的卡特告诉爱德华自己要回家，于是他们便一起回国，回国之后，司机直接把车开到了爱德华女儿的家门口，卡特安排爱德华与自己的女儿和解，可是爱德华并没有跟女儿和好。就这样，两人回到各自家中，卡特在浓郁的家庭气氛中享受着天伦之乐，而爱德华却面对着空荡的房间黯然神伤。卡特和妻子找回了曾经的新鲜感，两人一起共度最后的时光。

卡特突然病发，爱德华前来探望，卡特的妻子给了爱德华一封信，爱德华打开信，是卡特劝爱德华在最后的时间里别给自己留遗憾，爱德华被卡特说动，找到了女儿，和女儿解决了矛盾，并且亲吻了自己的外孙女。此后不久，卡特去世。在卡特的葬礼上，爱德华划掉了帮助陌生人那一项，那也是最后一个选项。

这部电影结局是两个人在互相的陪伴下完成了所有遗愿，爱德华终于和最爱的女儿和解，卡特也跟妻子找回了年轻时的感觉，是个 happy ending。电影中的两个男主角，爱德华有财富但是很孤独，卡特有温馨的家但是很穷困，这可以代表社会中的两种人，卡特认为自己的一生都在为了自己的家庭努力，而忘记了自己，爱德华为金钱努力最后妻离子散，孤独终老。在生命的最后阶段，两人明白了生命要为自己而活，所以踏上了实现愿望的旅程。

很多人都像爱德华和卡特一样，奔波一世，直到生命最后一刻回想起来，没有为自己做任何事。

来到这个世界上走一遭，没有为自己而活，没有做过自己想做的事，到最后只能留下一堆遗憾。人能带走的，只有自己一生的体验，这一生你应该为自己而活，应该为了自己的理想或者心愿而努力。“人生苦短，珍惜当下”，是我这些年所奉行的准则，人生在世几十年，做自己想做的事，看自己喜欢的景色，走自己想走的路，这样的一生才不被辜负。

打破世俗的封印，找到自己人生的主题

这个世界有太多条条框框，像一个牢笼一样圈住我们，周围人的看法，家人的期望，都变成一道道枷锁，禁锢住我们做自己的心。

心理学家詹姆斯与好友物理学家卡尔森打赌，詹姆斯说：“我一定要让你不久就养一只鸟。”卡尔森不相信这是事实。在卡尔森生日这天，詹姆斯送给他一只精致的鸟笼子，作为生日礼物。卡尔森欣然接受，并把它挂在室内一个醒目的地方。

一位客人来了问卡尔森道：“先生，你饲养的鸟死了吗？”“没有！”卡尔森否定的回答，换来的是客人困惑和不信任的目光。不久，又有一位客人来访，也问了同样的问题，卡尔森又是同样的解释，照样换来了客人困惑和不信任的目光。这时，轮到卡尔森困惑了，他不得不买下一只鸟来饲养。

卡尔森根本就没有养一只鸟的打算，但是家里摆了一只鸟笼子，别人看着笼子自然会问笼子里为什么没有鸟，因为人们的思维被固定了，有笼子就会有鸟。被问的次数多了，卡尔森也会被影响，他就真的去买了一只鸟，可见人是很容易受到外界影响的。

我们都有一种从众心理，当一个人做一件事的时候，可能没什么，两个人、三个人一起做一件事的时候，就会受到关注，随着越来越多的人来做这件事，就变成每个人都要做的事情了。你不随大众就会有人议论你，你想做相反的事情也会有人阻止你。但是，跟随世俗的脚步是很难获得成功的，因为大多数人的路一般都是最简单的、最平常的路，而且这条路不一定是适合你的，你要选择走最适合你的路，找到你自己人生的主题，才会获得成功。

我印象里最不受世俗禁锢的就是Lady GaGa。我现在还记得在电视上看到她穿各种奇装异服的样子，一脸“老娘最酷”表情出现在各个场合，但是我一直都不知道她长什么样子，因为她每次出现时，要么脸上戴着奇怪的装饰品，要么就是画着夸张的妆容，直到2016年维密秀请到Lady GaGa做嘉宾，我才发现原来她这么漂亮。上网搜她的事，才发现原来她并不是看上去那样简单。

GaGa 是美国女歌手，她的大部分歌都是自己创作，是个实打实的才女。四岁的时候凭着听琴音学习了钢琴，13 岁的时候创作出自己的第一首歌，14 岁开始登台表演，17 岁时，她就被纽约大学艺术学院提前录取学习音乐，这个名额全球每年只有 20 个。后来，GaGa 觉得在学校无法实现自己的音乐梦想，离开学校，离开家，19 岁签约公司开始了她的音乐生涯。

很多人对 GaGa 的印象都是她奇怪的装扮，夸张的动作，还有风格迥异的 MV。不管什么时候，就算是出门扔垃圾、遛狗，GaGa 的装扮也是那么独特。出现在网络上被媒体拍下来的图片里，她的表情都是那样酷，连身上的衣服都不像衣服。她那些年穿过的服装里有几件给我留下了深刻的印象：海胆装、生肉装，还有一年她穿着一身红色蕾丝上台领奖，脸都被蕾丝盖住了。这样的 GaGa 怎能不让人印象深刻，网上流传一句话：“你可能没听过 Lady GaGa 的歌，但是你肯定知道她是谁。”

虽然 GaGa 给人一种哗众取宠的感觉，但是在这样怪异的行为之下，她依然拿奖拿到手软。除了在音乐上拿奖拿到手软，她还进军了影视圈，在电影《一个明星的诞生》和电视剧《美国恐怖故事第五季》中，她担任了女主角，并获得了最佳女主角奖。她的怪异服装在时尚界也获得过很多奖项，在网上她的获奖纪录占了很大的篇幅，让我们了解到她是多么优秀。

2017年，GaGa拍摄了一部讲述自己的纪录片，在影片中她去掉了奇怪的装扮，没有化浓烈的妆，简单的一件T恤，干净的淡妆，带给我们不一样的GaGa。在影片中，她讲述了自己出道这些年的事情，谈到自己的奇装异服，她说把奇装异服当作一种武器，这个社会对女性太不公平，很多制作人会占女明星的便宜，她不想被贴上性感的标签，她说性感是很私密的事情，所以她穿着奇怪的衣服。那些衣服也是她当时心智脆弱的表现，没有自信不敢露出真实的自己。2013年、2017年GaGa相继受到病魔的侵扰，在这两次与病魔的斗争后，她变得坚强了，她接受了自己，不再以奇装异服面对大众，并且拍摄了这部影片。

GaGa一直在做慈善并且为弱势群体发声，参加支持华盛顿同性恋游行。为一个专门资助同性恋者的组织捐出2万美元；为红斑狼疮组织捐款，支持红斑狼疮疾病的相关研究；为HIV感染者及艾滋病家庭筹集100万美元的善款；为日本地震共筹集了150万美元；探望了新德里孤儿院，亲自为贫童上音乐课；支持并参加了反性侵运动；等等。

GaGa 这样的做法可以说得上是打破世俗的封印，找到了自己人生的主题。特立独行又怎样？被说成哗众取宠、怪异又怎样？她按照自己想走的路一直在前行，她喜欢音乐并拥有极高的天赋，在音乐方面一直在创新，寻找自己的风格。在造型上，虽然奇特不被大众接受，但是却给了很多设计师灵感，设计出当年的流行款。还有在 MV 的设计上，用夸张来表达中心思想，在人们震惊的同时，把歌曲的中心思想刻进脑海里。

不挣脱世俗封印的结果就是被同化，成为一个个没有特点的人偶，你只有跳出来，做自己才会有不同的样子。想做什么就去做，找到属于自己的主题，当自己人生电影的总导演，把决定权握在自己手中，度过属于你一个人的绚烂多彩的一生。

所谓生命的完善，就是边生活边成长

在生活中，我们会经历很多事情，在面对这些事情的时候，会从中学习到一些道理，会做出一些改变，会获得成长。

我们都会有这样一种经历，现在的自己回想起以前的自己会觉得那时候很傻。我是间歇性地就会想起以前自己做过的事情，当时觉得天都要塌下来的事情，现在回想起来也没什么大不了的。为什么会有这种情况发生呢？因为我们经历的事情多了，阅历和心境就变了，所以回头再去看当时的自己，就会有不同的想法。

由安妮·海瑟薇主演的《公主日记》就是一部一边生活、一边成长的电影。影片讲述了一个普通的女高中生被告知自己是一个小国家的公主，她身为国王的奶奶找到她让她回去做公主，因此发生的一系列啼笑皆非的故事。

米娅是一个极普通的、地道的美国高中生，在一群张扬、活力四射的同学中，她显得很不自信，存在感特别低，低到会被老师忘记名字。米娅和她的单亲妈妈住在一起，有着自己生活的小圈子，在她的能力可以控制的范围内，米娅平凡地生活着，直到那神奇的一天到来。

在米娅 16 岁生日到来前，她忽然被告知要与她的奶奶见面。当米娅终于见到这位气质非凡、谈吐高贵的女士时，她才发现，她的奶奶是欧洲小国吉诺维亚的女王，而她，正是这个国度的公主。米娅的世界一下子改变了！为了可以顺利继承这一身份，女王对米娅开始了全方位的改变。

终于，米娅的形象被改变得像个美丽的公主了。但是这突然而来的角色改变，米娅的内心并没有为此做好准备，她不喜欢自己的外表，不喜欢被收拾整齐的头发，不喜欢做公主。就在米娅内心痛苦挣扎的时候，她的身份被曝光了，同学们都知道米娅是公主的消息了。

媒体对米娅开始了狂轰滥炸，她宁静的生活被打破了。因为忌妒，米娅的同学更加欺负她，她一直暗恋的男神，也利用米娅的感情让自己出名，同学们纷纷利用曝光米娅的隐私来获得关注。这些事情让米娅几近崩溃，甚至拒绝成为公主。在一次拒绝参加国庆舞会之后，米娅偶然间发现了父亲的日记，里面有父亲写给米娅的信。米娅在这封信里找到了自信，也知道了自己身上的责任。冒着大雨来到国庆舞会，进行了一番演讲，并且宣布成为公主，米娅终于找回了自我，勇敢地面对生活的选择！同时，也找到了真正的“白马王子”。

米娅在刚开始的时候没有意识到“公主”这个身份会带来什么，也没有意识到成为公主之后需要担负些什么，她对从小就消失在身边的父亲感到好奇，她想了解这个男人，想知道为什么他会离开母亲和她。

当她的奶奶来找她的时候，米娅虽然表面上拒绝，其实还是很心动的。再后来奶奶找人改造她的形象，米娅看着镜子里漂亮的自己，肯定认为当公主也很好。可是她从前在学校都是“小透明”，突然改换了形象，变得引人注目让米娅很不适应。她开始抗拒这种改变，抗拒成为公主这件事。跟奶奶相处时间长了之后，为奶奶身上那种优雅和高贵以及对王国的使命感所感染，初步了解到了“公主”不仅仅是一个称呼，更是对一个国家的责任。看到奶奶利用女王的身份化解了一场危机，觉得有身份很好。

后来身份被曝光，媒体天天围着米娅的生活，米娅觉得痛苦不堪，男神的利用更是给了米娅一记重击。米娅陷在痛苦中，她不想一直过这样备受瞩目的生活，她想做一个普通人，于是米娅拒绝成为公主。这时的她因为没有接触过这些事，发现当公主除风光之外还有痛苦，她不想承受痛苦，便选择了逃避。最后在父亲的日记中，米娅明白了，在享受风光的同时要承受痛苦，国家的子民给了你无上的荣誉，那你就应该承担起照顾他们的责任。米娅最终成了公主，她接受了这一切，并努力去成为一个好公主。

米娅的经历就是一个在生活中不断成长的故事，在接触自己的“公主”身份时，是一个无忧无虑的少女，后来在变成公主的过程中，遇到磨难、痛苦，她慢慢摸索，努力挣扎，终于自己的内心变得强大起来。我们的一生也是这样一个过程，在每一个阶段都会碰到难题，为了这个问题纠结、难受，在痛苦中找到解决的办法，渡过了这个难关之后，会发现自己的心智也发生了改变，变得更加成熟，这就是成长。

蝴蝶由一只在地上爬的毛毛虫，到最后破茧而出变成蝴蝶，在天空飞翔。变成蝴蝶是毛毛虫生命的完善，人生命的完善，就是一边生活，一边成长。

生活的经历多种多样，你无法预估你将会面对什么，但是不要因为这样就心怀恐惧，要知道这样的生活，是你必须经历的，一切困难都是你不可避免的，你能做的就是在这些苦难中找到可以被自己吸收利用的事情，让自己在这次挫折中成长。小的时候我总是在吃饭的时候玩椅子，结果有一次摔倒了，饭碗扣在了脸上，后背紫了一大块，从那之后我再也不会在吃饭的时候玩东西了，并且我再也不会玩椅子了，椅子是用来好好地坐在上面的。这就是我在那次摔倒中获得的经验，也是我的成长。

这样的小事在我们的生活中很常见，别看事情小，但是它的作用很大。都说成功从小事上积累，慢慢地你就会变得不一样，你就会成长。把生活上每一次的经历都当成是一种积累，是成长的一种方法。而且在事情发生之后，要好好地思考一下，从这件事情上可以学到什么，一边生活，一边成长，我们最后都会变成最好的自己。

以何眼看世界，世界就如何

有一个小故事很有趣，苏东坡与好友佛印一起坐禅，苏东坡问佛印："大师，你看我的样子如何？"佛印说："在我眼中，居士像尊佛。"接着佛印问苏东坡："居士，你看我的样子又如何？"苏东坡看佛印胖胖的，打趣道："像堆牛粪。"佛印听了，并不动气，只是置之一笑。苏东坡回家后，得意地把这事告诉他妹妹苏小妹，苏小妹听完说："哥哥，你输了。一个人心里有佛，他看别的东西都是佛。一个人心里装着牛粪，什么东西在他眼中都是牛粪。"

故事里的佛印是出家人，心怀慈悲，以一颗善良的心去看待世间万物，自然觉得万物都是善良的。而苏东坡，看见佛印的外形想戏弄他，还扬扬得意地跟苏小妹分享，结果被苏小妹戳破他的内心。这个故事就说明了你以什么样的眼光去看这个世界，这个世界就是什么样的。你用如同佛印一般善良的眼光去看，那这个世界就是善良的；如果你用消极、悲观的眼光去看，那这个世界就是黑暗的。也就是说，你眼中世界的样子，取决于自己的态度。

在现在生活中也有很多这样的情况，同一件事，用不同的态度去看待，就会得到不同的结果。

星星是我身边朋友里看得最开的姑娘，从来没见过她因为什么事情着急上火，永远一副云淡风轻的样子，好像任何事在她这都不是事儿。每次朋友遇见什么事情急得跳脚的时候，她都在劝慰我们，然后一条条地帮我们分析，非常容易地指出事情的关键，一下就能找到解决的方法，因为这个我们都把她当作“神仙真人”。星星听到我们这么说，笑了笑：“哪有什么神仙啊。我只是没像你们那样着急罢了，遇到事情平静心态，才能找到一针见血的方法。”

星星的这个说法我深以为然，我们总是太急躁，可能是因为现在生活的节奏太快，走在路上，大家都行色匆匆，就算你没什么事，也会在这个大环境里变得紧张。我试过有一次在北京的地铁站，那天我真的一点事都没有，没有着急要做的事，也没有着急要见的人，只是单纯地出门逛逛，在地铁站转车的时候，大家的脚步特别快，刚开始我还随着人流慢慢走，结果看着他们脚步加快，我不由自主地也加快了脚步。等到了地铁上，我才反应过来自己为什么要这么着急，明明我什么事都没有啊？这就体现了现在人生活节奏太快，没有太多的时间去想事情，遇事就本能地紧张起来。

按照星星的说法，在遇到事情的时候，先不要着急，给自己几秒冷静下来，然后把事情从头到尾理一遍。在心态平静的时候去思考，效率会高很多，因为你是理性的，你会发现很容易就找到了事情的症结，解决起来就很简单了。这就是心态，当你以平静的心态去看任何事，任何事都不能伤害你，不管多困难、多棘手的事情，都会迎刃而解。也就是说，以平静的心态去看世界，世界也是平静的。

上面说的是遇事的心态，接着说对人。你有没有这种感觉，当一个人做了一件让你觉得不舒服的事情之后，这个人身上的缺点就会被放大无数倍，变得异常讨厌。不管这个人之前有多好，只要有一点让你不舒服了，这个人就变成了一个讨厌鬼，这就是我们看他的“眼”造成的。

我有一个同学，平常跟我关系还不错，我觉得他很诚实、热心，班级里谁有什么事情，他只要是知道了就会主动帮忙，说话也很幽默，跟他在一起不会冷场。有一次班级聚会，大家一起喝了点酒，微醺的状态下大家都很放松，开始讲笑话。轮到那个同学的时候，他讲了一个略带调侃别人的笑话，同学们听了都在哈哈大笑，而我却觉得他这个笑话，有点过分了。从那之后，我就觉得他做的事情都很讨厌，看着他笑都觉得猥琐，刻意跟他保持距离。

我看待这个同学的“眼”，要求太苛刻，所以才会觉得他那个笑话意有所指。其实他只是在活跃气氛，我却为这个笑话斤斤计较，怀着恶意去看待他，当你怀着恶意去看这个世界时，那这个世界上就是坏人。为什么大人总是在跟小孩子说要当心坏人，要告诉他们什么样的是坏人，因为在小孩子的眼里，世界是美好的，在他们看来一切事物都是美的，没有恶意的。总说怀着赤子之心去生活，什么叫赤子之心？就是小孩的心，最初的心，对这个世界抱有热爱和欣赏的心。在你对这个世界怀有恶意的时候，它还你的一定是个黑暗的世界，但当你怀有善意的时候，你会发现这个世界充满了爱。

在成长的过程中，我们明白了善恶是非的同时，也需要对这个世界保持警惕，用怀疑的眼光看待世界，可以说是我们对自己的保护机制。保护自己是没错的，但是切记不要过度保护，陷入自己的想象中，总是觉得所有人都要害你。抱有这个心态的话，你会发现真的会有很多伤害你的事情，这是为什么呢？比如在遇到一件事的时候，刚开始你就想“这件事会让我受伤”，那这件事一定会伤害到你，因为你看待这件事的“眼”，只看到事情的阴暗面，并且把这个阴暗面放大。做事情的时候心里一直在恐惧，在想“我会受伤”，不经意间就变成一种心理暗示，你会按照受伤来做这件事，到最后你只能接受受伤的结局。如果换一种心态，事情有两面性，多在意好的那一面，放心大胆地去做，你会做得更好。

这个世界是两面的，有阴暗的一面就会有明亮的一面，跟人的内心是相同的。当你用明亮的眼睛去看的时候，反映给你的也会是明亮的世界，既然同样都是看世界，那就用明亮的、美丽的眼睛去看，得到的也会是一个美丽的世界。

心向美好的人，才能遇见美好

“你该活得葱翠而不是萧瑟与颓败，你要有美好，看着自然的美，想着人与人的好，心有宽处，才会看开，在意之中有淡然，真与善是一个正直的人的精神食粮，也是一个人在世的本来面目；是一个人内心发出的光芒，也是这个世界回赠给你的一份情深。”

记得上大学的时候，有一次去逛街，夏天两三点钟太阳最毒的时候，晒得我口干舌燥。我买了一个甜筒，转过一个街角来到一条全是梧桐树的街道。七八月份梧桐开得正好，路两边都是梧桐树，而且都是两个人才能抱住的大树，树叶密密麻麻，在路中央的上空差一点点就连在一起。一丝丝阳光透过树叶漏下来，地上斑驳的影子，好看极了，一阵风吹来甚是凉爽。吃着甜筒，看着地上的阳光，吹着微风，还有路两旁整齐的梧桐树，真是美极了。

人这一生几十年，想着时间很长，但也可以说是转瞬即逝。回想一下你到现在的年纪，时间是不是过得很快，迷迷糊糊的就这么大了，大部分人都在为以后的生活而努力，每天朝九晚五，公司和家两点一线，没有时间休息，也就错过了欣赏美景。

小夕是朋友里最努力工作的一个人，我们都叫她“拼命十三妹”，一年 365 天不休息，就算节假日她也要工作。这样努力确实得到了很可观的收入，在我们月底为了生活而发愁的时候，她总是主动接济我们的那个。但她也有发愁的事，总是在朋友群里说：“羡慕你们到了月底就没钱，最起码你们有时间花钱，我都没时间，已经好久没有逛街了，身上的衣服还是去年买的。”听到她的抱怨，我们虽然嘴上说着“你就显摆吧，不懂劳动人民的辛苦”，心里还是在想怎么说通她，挤出时间去逛街。

趁着周末，几个朋友都有时间，我们提前约小夕，打算领她去逛街，因为考虑到她可能会有工作，就把逛街的地点定在离她公司不远的一个商场。跟她说的时候，她竟然不知道公司附近有这个商场，朋友问她：“你每天上班都会路过商场，你竟然没看见？”小夕说：“我每天去公司都急急忙忙的，哪还有时间东看西看的啊！”真是被她的努力打败了。

逛商场的时候，小夕还是一直抱着手机，一会儿接个电话，一会儿要发邮件，忙得不行。好不容易等到她忙完了，想着可以聊聊天了，一放下手机，小夕就像泄了气的气球，整个人一点精神都没有。问她怎么了，她叹了口气，说：“这几年，我一直在拼命工作，钱是有了，可我一点生活都没有，这样的日子不知何时是个头。”听完小夕的话，我们除了心疼她还觉得她很可怜，之前从没听她说这些，她一直在忍受这么多的痛苦，作为朋友竟然还没有察觉。

我们几个商量出了办法：“你回公司请个假，我们带你一起出去玩，你现在需要放松！”小夕犹豫了一下同意了。于是我们便踏上了去云南的旅程，在云南我们规定，手机都设成飞行模式，只能当作相机使用。开始的两天小夕还不习惯，慢慢地她开始放松，全身心地投入到这次旅行中。每天到旅馆之后，她还喋喋不休地跟我们说着白天的见闻：“小餐馆门口的花，我从来没见过哎，那叫什么花啊，真好看！还有服装店门口的萨摩，真可爱！”看着她的变化，我们都很高兴。

转眼旅途结束了，我们又回到了紧张的工作中，有一天小夕说：“之前我一直在工作，每天把自己憋在一个小空间里，都没有时间看看这个世界，以后我要劳逸结合，多去发现世界的美好！”从那之后，她的朋友圈变得多姿多彩，每到一个地方就会跟我们分享，今天又看到了什么美丽的景色，碰见了什么样有趣的事情，认识了什么样可爱的人。

心向美好的人，才能遇见美好。当你觉得这个世界是美好的，用充满爱的眼睛去发现、留意生活中的每件事时，你就会从这些事情上得到美好。就像有句话说的：“对待生命里经历的所有，始终保持热情，多向美好的方向走，总有一天我们会遇见美好。”

在不完美的生活中，获得圆满

我还在上学的时候是个小捣蛋鬼，那是被从小宠着长大的人才会有的脾气和秉性。但是我最好的朋友刘校花却是个文静的性子。校花俩字是我给她命名的，她长得好，脾气好，学习还好，很长一段时间我都觉得她的生活也太完美了。

那时候的姐妹情谊，就是一旦我觉得你是一辈子的好朋友了，就会让你见见我的家长，来我家里随便玩儿。你对待我也应该是同样的。可是，我把她介绍给我父母认识之后，她也从来没提过让我到她家里去玩儿。有时候我提出去她家里，她还推三阻四。那个时候自己还会躲在被窝里哭，觉得刘校花根本没有拿自己当作好姐妹，并且发誓不要和刘校花继续做好朋友了。那时候的年纪连喜欢和讨厌都是如此直白。

直到后来我得知刘校花的父母都是煤矿工人，为了生计外出打工却死于矿难，黑老板最后只给了几千块钱了事。刘校花和奶奶相依为命，日子虽然清贫但也还过得下去。直到有一次，刘奶奶出去买菜的时候，因小脑萎缩倒地不起，后来瘫痪在床、神志不清，大小便都需要人伺候。她不想让我去她家，是不想让我知道她的经历而可怜她。虽然日子很苦，但是刘校花总是能够积极面对，她一有空闲就去兼职，为了更好地照顾刘奶奶，她还自学了护理专业的知识，每天坚持给刘奶奶按摩。

我那时认为人生哪有什么触底反弹的机会，那个时候高考就是一个机遇，刘校花成绩很好，她是可以抓住这次改变自己的机会的，我打从心里是这么想的。结果刘校花没能上大学。因为刘奶奶病危，报考的那几天她一直在忙着处理刘奶奶的后事。等到所有事情结束的时候，刘校花找到我家，那是我第一次也是最后一次看见她哭。

原来，她的叔叔说要拿回刘奶奶的那套房子，但那本来是留给刘校花的，刘校花除了那套房子什么也没有。她的叔叔是个唯利是图的人，根本不和她讲道理。刘校花想要走法律的程序，因为刘奶奶立过遗嘱，但刘叔叔非说那是刘奶奶神志不清的时候写的，说刘校花为了房子真是什么都做得出来。她实在是没办法了找到我，请求我给做见证人。我立马答应了她，虽然她哭着说什么我都没听清，但是她需要我，我就过去。

结果两个半大的小女孩坐在桌前，面对着五大三粗的成年男子，我们紧紧挨着，桌下的手攥在一起。过程记不太清了，只记得刘校花有一个表伯伯看不下去，给刘校花主持了公道。最后达成的协议是，她的叔叔可以使用这个房子，但是每个月必须给刘校花一部分钱。

刘校花拿着这部分钱就又重新开始学习和工作，在我大学躺在宿舍里悠闲自在的时候，她总是在忙碌打拼着。她的学历不高，找不到很好的工作，就只能当服务员或者是一些不需要文凭的工作。她一边学习一边工作，就这样她的英语口语比我这个过了四级的人还要好很多。她上夜校，成功取得了毕业证书，最后凭借自己良好的外在形象和英语功底，当上了一名空姐。在她那个地方，大学生、研究生比比皆是，但是刘校花丝毫不怕，她坚持学习，努力工作，她的业绩总是公司最好的，从来都没有人投诉她。

很多空姐每飞到一个地方，下了飞机总是去玩，去购物。刘校花就与她们大不相同，她很少跟她们一起出去玩，她的空闲时间都被各种的书占满了。她身边的同事都说刘校花是个怪人，我却觉得她不是怪，是勇敢。她敢于面对生活中的种种不如意的事情，并且努力把坏的事情变好。

现在的她已经是公司的一个主管了，实现了财务自由，举止高雅，谈吐得当，并且有了一个非常爱她的男朋友。人人看到她都会称赞，羡慕她的完美生活。但谁又知道十多年前那个怕自己没有容身之处而吓得哭泣的小姑娘。

其实人的一生就是这样，没有绝对的好，也没有绝对的坏。生活本来就是千疮百孔的，但生活又是五光十色的，它透过孔洞散发出光来，直射人心。我们每个人都是在黑暗中摸索着前行，触摸着生活的墙壁，擦拭着墙上的洞，为的是能够在光照射进来的一瞬间抓住它。

生活从来都没有完美一说，这世间任何的事都无法做到“完美”二字。哪怕是被许多人羡慕的生活，在背后也会有许多不足与外人道的艰辛。

既然生活是那么不完美，那么你就要咬紧牙关，努力把这不完美的生活活出点花样来。努力去做到一切你能够做到的事，把生活当作一场修行，修成正果即为圆满。学会把每一天都当作最后一天努力过好，把每一次的挫折都当作一次历练，一次提升自己的机遇。终有一天你会得道成人，修为圆满。

第 6 辑

真我，不是随机的选择，而是一生的坚守

屏蔽喧嚣的背景，与自己做一次倾心长谈

小丽是我们的大三学姐，大学里的小丽在别人眼里，就是一个“奇葩”的存在。刚上大一，舍友都成了一只只刚放飞自我的小鸟，一有时间就去上网、唱歌，参加各种社团活动。小丽却开始了自己的独处模式，除了参加了一个自己喜欢的诗词社团，生活简单得要命，三点一线：图书馆、食堂、学校。舍友好多次约她一起出去活动，她都不参加，久而久之，舍友便把她抛到九霄云外了。

私下里小丽还被冠以“孤僻”“不合群”的标签，被大家戏称为“奇奇”。时不时还“讽刺”一下：“哟，我们的奇奇呀，我们又要活动了，估计你不去吧，我们就不叫你了啊。”“图书馆的门都快被你踏烂了，你可得攒钱做好赔偿的准备。”这

些话语虽是调侃，却惹得她心烦意乱。不过很快，小丽就能调整好自己的心态。大四上学期，小丽凭借优异的成绩被保送到北师大文学系上研究生，她一度成为学弟学妹眼中的神话，为了庆祝自己的成功，她发了一条微博：

“趁着飞雪轻扬的日子，赶赴一场时光的旅途，一路上，要记得屏蔽喧嚣的背景，与自己做一次倾心的长谈。”

她的这句话在文学院被人人称颂。

但是很快，人们又开始议论了，说她这个人不合群，太孤僻，一看就是高冷范儿。好多话题又都围绕这个“毁誉参半”的女孩。当别人都在议论纷纷时，小丽却和一个没事人一样，忙着自己的下一个计划，她和一家出版社定了一个选题，要写一本书。

后来，我私下里知道了她的一些故事，我也问过小丽学姐：“到底是什么让你能够不受所扰，做自己的事情？”

小丽学姐同样还是用那句话来回答我：“要记得屏蔽喧嚣的背景，与自己做一次倾心的长谈。”小丽学姐承认，其实她也很苦恼，当别人都在玩闹时，她也想去。有时候诱惑很大，有时候听到那些讽刺的话，她会烦躁到想摔东西。但她总会静下心来，对着镜子，和自己做朋友，与自己来一次倾心的长谈，问问自己到底要什么？该不该这么做。

是的，在生活中，当我们只能听到这喧嚣的背景音，并被其干扰时，那我们不得不承认，我们的灵魂太空旷了。

我们都知道，生活在这个纷繁复杂的社会中，我们需要同各类人交往。毋庸置疑的，我们会遇到各种各样的评判，它可能是对我们的肯定，也可能是对我们的讽刺、否定。这是社会赋予我们无法改变的客观环境。很多人会被尘世的喧嚣所扰，内心无法保持一份宁静和安逸，也无法真正地去和灵魂做一次对话。

哲学上有三个终极命题："你是谁？""你从哪里来？""你要到哪里去？"

我想，我们和自己倾心促谈的，该是关于自己生命意义的一场辩论。我们是在这个社会上庸庸碌碌、平平淡淡，还是轰轰烈烈、有所贡献？这是我们无法避开的问题。

当我们一次次地和自己对话，一次次地交流，我们会发现一个孤独的自己，此刻其实我们应该骄傲地告诉自己。我们在和灵魂对话，我们在享受一份孤独。不能忍受孤独的人是一个灵魂空虚的人。

叔本华说过：要么孤独，要么庸俗。

要想不庸俗就需要和自己对话，学会独处。独处是人生中最美好的时刻和一种最独特的体验。

我们应该享受孤独，珍惜自己独处的时间，这个空间里只有自己，无须去顾及他人而在人前去伪装、注意些什么。我们在告诉自己一个真实的自我。

我们需要知道，独处是灵魂生长的时期。独处时，我们从喧嚣的事务中抽身出来，回到了自己。这时候，我们独自面对一个最安静的自己，开始了与自己心灵的对话。

当今社会，人们往往把交往看作一种能力，却忽略了孤独环境下独处也是一种能力，如果说不擅交际是一种性格的短板，那么，不耐孤独、无法与自己独处，就简直是一种灵魂的缺陷了。

总之，当岁月的河流潺潺流淌时，随之而来的是各种喧嚣。但这些喧嚣不应该扰乱我们的双耳，或者让我们的内心蒙上灰尘。我们应该和自己做一个约定，每天留出一段只属于自己的时间。在这些时间里，安静、坦然地辨认真实的自我。在沉思和独处中，享受人生。

于是我们会从纷扰和喧闹中，走出一条捷径来。携一颗淡然的心，于安静的意境中，于这美好的尘世，开出莲花来。不比较，不依附，把名利得失看得很淡。以一颗随遇而安的心行走在红尘中，如深山里的一株苦菊，用一颗平和的心，对待所有。

任尘世喧嚣依旧，终不抵与自己内心长谈之后的释然以及自在和轻松，繁华落尽，我心中仍有花开的声音，世事纷扰，皆与我无关，那份干净与满足，最得风流。

所谓执着，是敢于忠实内心的勇气

“所谓执着，是敢于忠实内心的勇气。”每次听到这句话，就想起金岳霖先生。作为中国近代逻辑学的创始人，他一生爱着、守护着一位女人，那就是“一身诗意千寻瀑，万古人间四月天”的才女林徽因。

对于爱情的答案，金老用了一生去回答。林徽因死去几年后，金老突然把他的好友聚集到一块儿请大家吃饭，这让大家大为吃惊。吃饭期间，金老起身，站起来说今天是徽因的生日。

其实，在林徽因和梁思成结为夫妇以后，金老就一直住在林徽因的附近。也不找寻，也不去打扰，只是静静地守着内心的一份执着。

虽然得不到，但金老的一生也执着地爱着那个女人，自始至终都以最高的理智驾驭自己的感情。他终生未娶，一生只爱林徽因。

我是很佩服金老的，试想一下，在那样一个社会浪潮下，面对别人的嬉笑，他仍然能默默地守护林徽因，直到生命的终了，这需要多大的勇气。更难能可贵的是，他用一生去表达自己的爱。

崔敏是我一位朋友的妹妹，她的资质算不上聪明。高考勉勉强强考了一个二本类院校，大学里面她也是班级中等，大三下半年考研，崔敏报考了北京的一所211大学，在她看来，北京那个城市对她有着无法割舍的诱惑力，虽然她自知学习能力有限，但是为了能去她梦想中的城市，她还是决定拼搏一下。就这样，她开始准备。当同学们知道了她报考的院校之后，眼睛里满含着质疑，这些院校，同学们也是想都不敢想的。她们私下里也为崔敏担心，毕竟，她平时的成绩与她报考的目标相去甚远。

崔敏是个不见黄河心不死的人，她开始恶补课本，弥补自己的短板。那八个月，她基本上是学校、食堂、宿舍之间来回奔波。晚上回宿舍的路上只有月光相伴。

成绩出来，崔敏果然没考上，差20多分，她的考研经历也被别人传为笑柄。

没考上的崔敏选择了卷土重来，这次她比上次更努力，觉得更有把握，当崔敏以为上帝会眷顾她时，赶上考研大改革，好多题型学生们来不及复习，她再一次名落孙山。

当崔敏打算再一次举起考研的大旗时，所有的反对纷至沓来，家长、朋友都认为她没有上研究生的命。给她贴上了一个自大、执拗、不听好人言的标签。崔敏用它的一句话回击了所有的质疑："我已经努力了两年了，难道要我就这样放弃？"

她很快又投入到如火如荼的再一次复习考试之中。命运真的不会辜负一个如此执着、如此努力的人。第三次她考了380多分，备考三年终于成功的故事被传为佳话。

崔敏向我们讲这件事情时满眼泪水，同时也满怀骄傲。

行百里者半九十，崔敏从没想过要放弃。她一次次地鼓起勇气，一次次唤醒内心深处的追求，用自己的执着和不服输的劲头，表演了一场绝地反击的人生大戏。好像人生的励志也不过如此，人生的追求也不过如此，生命的觉醒也不过如此。

试想一下，当我们努力到只差临门一脚时放弃，会多么让人悔恨。而当我们一再地准备前进时，胜利的大门终会向我们敞开。

很多人会质疑，觉得人生可能没有那么多的机会和可能，那此刻的我们一定是缺乏勇气，缺少一种执着。

据说，世界上只有两种动物能够到达金字塔。一种是老鹰，还有一种就是蜗牛。鹰矫健、敏捷、锐利，蜗牛弱小、迟钝、笨拙；鹰残忍、凶狠、杀害同类从不迟疑，蜗牛善良、厚道、从不伤害任何生命；鹰有一对飞翔的翅膀，蜗牛背着一个厚重的壳。可是蜗牛仍与鹰一样到达了金字塔顶，它凭的是什么？是一种永不停息的执着精神。

当我们无法去坚持一件事时，无法鼓起勇气时，请走到那洒满阳光的田野，去看看那金黄色的向日葵。

无垠的草地上，一片金黄色的向日葵挺立在其中，它们每一天面朝太阳，不会累吗？它们每一天以一个同样的姿势，不会厌吗？

那些斑驳的绿和耀眼的黄融合在一起，让我想到了毕加索的《向日葵》。它们会翘首企盼，也会低头凝思。它们所追求的是生命最本质的追求，成长，不掺任何杂质。它们每一天向着太阳，吮着阳光，不是故作姿态，而是源于心底的勇气。它们要结出最饱满的果实。

向日葵就是这样，无论是酷暑还是严寒，无论是斗转还是星移，它们都依旧执着，昂首地追求梦想。它们的梦想或许是同太阳一样，带给人们温暖。

还记得我们小时候撒泼打滚要糖果般的情景吗，固执的、不甘心的。

还记得我们写字的情景吗，一次次地练习，才能练就一手好字。

我们只有执着的追求，才会开始一场心甘情愿的付出。这是一种满足，也是一种认同，被人认同和尊重的执着本身就是一种幸福。

执着，就是这样一种勤勉的跋涉，淡泊的心境，一种刚硬的精神气质，一种壁立千仞，无欲则刚的节操。执着不仅仅是生存的需要，更是心灵的需要。那样即便岁月是艰辛的，我们也必然会收获到幸福。

记住，所谓执着，是敢于忠实内心的勇气，敢于同自己来一场新的较量，只要我们鼓起勇气，执着追求，就能描绘出人生美丽的画卷。在前行的路上愈加从容，与更好的自己相逢。

只有过程圆满，结果才真正具有意义

我曾经去过五台山，被那些虔诚的朝拜者深深感动。凌晨五点钟，钟声一响，那些身穿素衣的人便会在大殿下集合，等着朝圣。时间一到，他们便开始入殿朝拜。那些朝圣者每走一步便趴在台阶上磕一个响头，五台山一千多个台阶，他们需要不断地趴下、站起。

那个画面是如此的一致与和谐，蔚为壮观，让人惊叹。有的人无法理解这种行为，为什么不直接走上殿去，何必那么累。我后来明白了，只有过程圆满，结果才真正具有意义。

《红楼梦》中有个让人很感动的情节，王熙凤过生日那天，全家都喜气洋洋，唯有宝玉一身素衣，早早地出门，来到水仙庵，祭拜因自己而香消玉殒的金钏。回来时，林黛玉向宝玉暗示，黛玉认为，其实，对着一碗水祭拜就可以，不必大费周章。我并不认同黛玉的看法，生活有时需要这种仪式感，只有真正经历了，过程圆满，才会获得你想要的结果。

我的一个邻居慧姐，给我讲过她的爱情故事。

她的丈夫大海早早就失去了母亲，家里条件不好，上大学时就出去打工。两人相遇在兼职的地方，慧姐一袭白裙，活泼大方。

慧姐突然被眼前的男生，也就是后来的丈夫大海吸引，不仅因为大海眉宇间的俊朗，更是因为他羞涩背后显露出的自尊和责任感。

爱情是个奇怪的东西，就是一杯白开水，也会被发酵成烈酒，谁喝都得醉。两人都醉了。

结婚后，两人因为经济条件差，只好住在狭窄的出租房里。慧姐做饭时，油烟呛得她咳嗽不停。丈夫大海跑遍所有的二手市场，买了一台油烟机，虽然小，但是效果很好。那天，慧姐一回家就看到了被大海擦得铮亮的油烟机。安装在厨房一角，花瓶里插了一束花，开得正艳，柔和的阳光洒下来，照到慧姐的脸上。那天刚好是她 25 岁生日，两人紧紧拥抱在一起。

寒冬的时候。两人住的条件不好，冬天虽然没暖气，但是两人却无比幸福。两人总是把对方当成火炉，而两人对对方的爱，总是那么炽烈。慧姐总和别人说：“没有比与相爱的人在一起更幸福的事了，物质条件无论多么艰苦，那个爱我的男人，是我最温暖的太阳。”

现在他们生活得很好，丈夫大海不断升职加薪，一家人住进了新房。

听慧姐讲述完她的故事，我很感慨，眼前的慧姐是幸福的，却也夹杂了太多的心酸和无奈。没人知道她和丈夫在熬过那段艰苦日子时的苦难。虽然慧姐讲述时，语气是如此平静，但我读出了她夹在甜蜜中的辛酸。

现在的慧姐常把惜缘、惜福挂在嘴边，因为经历过岁月带给她人生的独一无二的体验。

这就是生活，只有过程圆满，结果才真正具有意义。只有真正经历过，那些最后的美好的结局才能给我们最真实动人的反馈。

生活就是这样，虽是日复一日的惊喜和平淡，但酸甜苦辣咸，少了其中一味，都不能说是圆满。

其实，生活当中，我们所做的事情不一定会得到别人的认可，也许在当时会成为心中的阴霾。但是，只有经历过岁月的洗礼我们才能逐渐走向成熟。这个时候，要感谢那些独一无二的经历，是它们让我们变得更加成熟睿智，收获别样的人生。

当我们经历过坎坷之后再回首，会突然发现，曾经的阴霾只不过是人生长河中一朵美丽的浪花，蹉跎岁月里的一缕幽香。

有时，我们需要仰望夜空，欣赏夜空里那些璀璨的星星；在城市的夜空中，也许只有星星点点的几颗。我们应该想到那些星星一定是最亮丽的，因为它们透过了厚厚的云层，穿越了层层尘埃。

无论是在平淡的日子里，还是在迷茫低落的时候，我都尽量靠近阳光，喜欢在阳光下眺望，只为寻一抹亮色，只要有阳光在，希望就在。

真正的生活难免会有高低浮沉，岁月也总会有寒来暑往、春种秋藏。请相信这茫茫人海中，命运给予我们安排的一切，经历过，收获了，才是最好的安排，那些精彩的过往，就会变成照亮我们前行的灯盏。

没有谁的天空永远阳光明媚，也没有谁的天空会永远阴暗。我们注定不会永远年轻，唯一永恒的是我们每个人谁也无法替代的经历，也许只有熬过了不如意，才能更好地拥抱诗和远方。

如果没有梅花的清香，百合的清纯，那就静静地做一朵不知名的小花，温暖向阳，品味自己独特的经历，收获专属于自己的人生。那样我们的生活才真正具有意义。

岁月深重，阳光满目下微笑是经历，大雨滂沱里自己撑伞也是经历。我们需要一纸信笺，记录下我们美好而圆满的经历，记录下过程中的风风雨雨，花开鸟鸣，你会蓦然发现，最美的风景在人心，那样结果也必将圆满。

因为只有过程圆满，结果才真正具有意义。

出发前，不要怕；出发后，不要悔

从小就听到过这样一个耳熟能详的故事，一个年轻人要去闯荡世界，因迷茫而去拜访一位德高望重的老者。老者摸摸胡须，语重心长地告诉年轻人："孩子，人生的秘诀只有 6 个字，今天先告诉你 3 个，保你半生受用——不要怕。"于是，年轻人兴高采烈地出发了。多年以后那位老人已经去世，那个出去闯荡的年轻人也人到中年，经历了世间的悲欢离合、人情冷暖。当他再去拜访那位老者时，只见到了老者托别人留给他的一封信。里面是人生的另一个秘诀——"不要悔"。

这个故事我曾经反复研读，读给我的学生、我的朋友，我告诉他们：出发前，不要怕；出发后，不要悔。

出发前，做好人生规划。让心灵听得到自己的声音，它会告诉你，这世界有多么美好。

我们的目的地，可能是四月里云蒸霞蔚的富士山，那里芳香满甸。我们的目的地，可能是法国的普罗旺斯，那里的天空深邃高远、微风轻拂，从远处传来羊群越来越清晰的铃铛声，空灵而清脆，无边的薰衣草正长得葳蕤，从娇嫩的浅绿色变成成熟的深紫色。我们的目的地可能是巴厘岛，那里有湛蓝的海水，狭长的海岸线，高大的椰子树以及和人们嬉戏的小松鼠，细软的沙滩上不断涌过来的浪花。

这样的出发，我们告诉自己不要等。

但是，别忘了，我们目的地也可能是荒无人烟的沙漠，可能是满是风沙的戈壁滩，也可能是氧气稀薄的高原，那些地方不再美好，更多的是一种恐惧。我们应该告诉自己：不要怕。

其实，我们出发前，常常会遇到一些苦恼，可能是目标太远，甚至是觉得自己力量不够，我们要提醒自己不要怕，面朝前方，勇往直前，每次只追前一名。

微博上的一个故事发人深省：

一个女孩，小的时候由于身体纤弱，每次体育课跑步都落在最后。这让好胜心极强的她感到非常沮丧，甚至害怕上体育课。这时，女孩的妈妈安慰她：“没关系的，你年龄最小，可以跑在最后。不过，孩子你记住，下一次你的目标就是：只追前一名。”

小女孩记住了妈妈的话。再跑步时，她就奋力追赶她前面的同学。结果从倒数第一名，到倒数第二、倒数第三、倒数第四……一个学期还没结束，她的跑步成绩已到中游水平，而且也慢慢地喜欢上了体育课。

后来，聪明的妈妈把“只追前一名”的理念灌输到她的学习中，“如果每次考试都超过一个同学的话，那你就非常了不起啦”。

就这样，在妈妈这种理念的引导教育下，这个女孩不仅成功考上了北京大学，本科毕业后还被哈佛大学以全额奖学金录取，成为当年哈佛教育学院录取的唯一一位中国应届本科毕业生。

这个故事告诉我们，没有到达不了的远方，很多人在出发前就被漫长的路途或者是遥远的目标吓倒，殊不知，那些远大的目标是能用我们扎实的脚步一步步到达的。所以，记住，出发前，不要怕。

出发前不要怕，这只是克服了心理障碍的第一步，千里之行，始于足下。“既然选择了远方，便只顾风雨兼程”。

张艳算得上一个失败者，大学毕业的她，创业多次，都以失败而告终，原因就是老后悔。大学刚毕业和几个同学做平面设计，没坚持几天就嫌熬夜伤皮肤后悔了；后来和自己阿姨开了服装店，没几天就嫌弃赚钱不多而放弃了，她还后悔地说，太高估做生意的人了。就这样，她是屡败屡战，后悔常挂在嘴边。

轻易上路，常说后悔。这其实是人生大忌。

人生其实就是一段旅途，我们要有一个美好的期许和憧憬，整理好心情，再出发。

所以，在初夏的罅隙里，做一个自由行走的花朵，前方要和清风相亲，与细雨相伴，我们要去看春意盎然时的一簇簇绿意，要在通透的时光里，感受一些美好。

但是，岁月的长河中，不是所有的事情都是能如愿以偿，也不是所有的前行之路都会如此坦荡，更不是所有的故事都充满欢乐。我们要知道时光不可以倒流，青春终究不能挽留？是啊，人生，终究会有留不住的缘分，挽不回的遗憾，参不透的白月光。

而春过夏至，暑往冬来，这样的结局本不出乎预料，就像生命中的那些遇见，谁能保证天长地久？

所以，尽管前方未知，有风雨，但是不要怕。岁月终是渐行渐远，我们只需要将内心的化为一份柔软与淡定，张贴于生命过往的素笺上，待以回味。

当我们踏上旅途，就要记得风雨无阻，别忘了自己来时的那份热情和向往，无论结果如何，我们要试着接受。

我们要始终相信美好，过去的都会过去，该来的都在路上。尽管会有失败，但是也必将成功。

其实这世间，等我们出发了，经历了，那些事情，来了，去了，远了，近了，我们都会有收获，毕竟我们经历了，经历就是一种美。所以不要悔。

其实我们应该知道，有时候尽管我们用心用力去踏上路途，都无法将这一路的风景完美刻画。重要的是，那些留下的脚印都将变成诗意的片段，都是我想要的美好。有时候不经意的一次回想，就会让我们感动。

所以，出发前，不要怕，出发后，不要悔。让我们勇敢出发，无惧风雨，迎接生活的美好。

别往后看，后面什么也没有

“没有什么会一成不变，生活总是有这样那样的突然变化，美好的，悲伤的，快乐的，不快乐的。总有一天我们会习惯，习惯这现在还不习惯的习惯。我们拘泥于一种无聊里，其实都是我们自己把生活变成如此。”

这段话，出自清雅的女作家张小娴之口。

生活的美丽在于，有欢乐，就有痛苦。爱情里不可避免地出现一些失恋的桥段。

以前看过一个很有感触的故事：一对正在热恋的情侣去电影院看一场爱情电影，看完以后，女孩竟然情不自禁地哇哇大哭起来，男孩以为女友想起了一些伤心事，赶紧上去给了一个结实的胸膛并且软语安慰，可是女孩却说了一句：我还是忘不了前任。晴空霹雳一般，男孩顿感乏力，难过地说出一句：那你去找他吧。说完，他就一个人走出了电影院。随后这段感情再也没有下文。

小妹果果的苦恼也在于此，她家境不错，人长得高挑苗条，皮肤白皙，不乏追求者，但是常常是曲终人散。因为她总是忘不了前任。

这几年里，她也遇到过很多优秀的男孩，好不容易遇到了一个自己心仪的男孩子，对方家境不错，人也积极努力。男孩很喜欢她。两人一见钟情，很快坠入爱河。双方已经见了家长，准备谈婚论嫁，但是就在准备结婚的这个节骨眼上，他们因为一件小事发生了不愉快。

有一次男友去她家，男友自告奋勇说学了几道好菜，给大家露一手。男友忙前忙后地张罗了一大桌饭菜，却被果果的一句话说得泄了气。饭上来了，果果第一个品尝，她一脸开心，吃了几口以后，称赞了一下“不错不错”，可随即话锋一转，不走心地说了一句：“离我前男友吧，还差那么一点。”男友当下就有点不开心，简单吃了点就匆匆离开了。随后和果果大吵了一架，虽然男友很大度，两人最终和好了，但是这件事情却成了男友的一个心理阴影。

前任好像是一个无法抹掉的话题，很多人常常会想起前任，喜欢做个比较。但是当我们偶然与前任重逢，大多会发现，不过是物是人非，人家可能已经成为别人的另一半了。

男友的反应可以理解，毕竟爱情是排他的，谁都希望伴侣成为自己的全部，谁都不愿看到自己爱的人每天对另一个人念念不忘？

其实这些司空见惯的桥段时刻都在上演，它告诉我们一个道理：

别往后看，后面什么也没有，放下过去。

不念过去，不畏将来。如此，安好。

没有与过往一刀两断，怎么来迎接新的生活。如果我们一味沉迷于过去而不愿向前看，到最后倒下的只能是自己。

张姐是一个爱时轰轰烈烈，不爱时冷静决绝的人。

她和自己的丈夫生活了三年，觉得不合适，无法继续生活下去，便果断提出离婚。尽管丈夫多番恳求，她依然那么决绝。经过法院判决，她得到一套房子，但是她很决然地留给丈夫，她跟我说："我要删除关于丈夫的所有联系方式，不再联系。然后到另外一个城市，重新开始。"

临走前，我去送她，她哭得稀里哗啦，她也怀念与丈夫的过去，但是她告诉我："我还有大好的青春年华，当断则断，不必纠缠，不要沉迷于过去，别总是回头看往事，收拾行囊，重新出发。”

尽管过往有诸多美好，我们还是要向前看。

当我们向后看时，原先爱你的人，早把你抛诸脑后；而向前看，爱你的人，还会在前面等你。

想一想，如果我们只是往后看，可能全部都会错过。

向来情深，奈何缘浅，终究是不能在一起的，难道这辈子就要因为一个并不值得爱的人，就守着一个不放，把他当作生命的全部，痴守一生，或者看破红尘。不，未来的路还长，还有很重要的一件事，就是人还得生活呀，除爱情之外还有许许多多。

一个人在沙漠中行走，要穿越沙漠，找到沙漠尽头绿洲中的宝藏。开始兴致勃勃，但是沙漠中间，他什么也看不到，大失所望，看不到自己有任何收获，于是回头一看，发现自己留下了好多脚印，他一下心花怒放。于是再次出发时就是一直向后看，看到自己的脚印越来越长，也越来越疲倦，最终累死在沙漠。

一个只看自己过往脚印的人，怎么能找寻到一片新的绿洲呢？走沙漠人的一直在走，看到了脚印，但是那不过是自己脚印的不断重复，生命的绿洲还是距离很远。

回忆会让你开怀大笑，还是失声痛哭？会令你更有勇气朝前走，还是停滞不前？有许多人，总以为回忆是美好的、是甜蜜的，所以一次次沉于回忆，不愿再往前走。那么多年过去，除了回忆之外，你还拥有什么呢？

别忘了往前走的，才是生活。人生天地间，匆匆复匆匆，委屈时依靠的肩膀，眼泪流完后也就离开了，有些东西过去了就再也回不来。我们执着的不过是一场痛苦，何必呢。

所以向前看，英勇前行，别忘了轻声唱一曲《明天你好》：

长大以后 / 我只能奔跑 / 我多害怕 / 黑暗中跌倒 / 明天你好 / 声音多渺小 / 却提醒我 / 勇敢是什么 / 一边失去 / 一边在寻找。

我们不得不翘首希望，请对昨天的过去，说一句告辞。向明天的自己从心底轻声说句：“明天，你好。”

我们不要惶恐眼前的难关迈不过去，也不要担心此刻的付出没有回报。昨天越来越多，明天越来越少。

我们给时光一份浅浅的回眸，别忘了马上收拾行囊，毕竟只有前行才会给人带来无比的充实与温暖。

只有前行才能经历生命里最深刻的内容，我们的灵魂才会无限延长。

明天，你好。往前看，面朝大海，春暖花开。不妨，就让我们把每一个黎明当作是生命的开始，把每一个黄昏当作是生命的小节。让我们每一次前行的脚步都随时播种，随时开花。

别往后看，后面什么也没有，往前看，清晨，打开一扇窗，那暖暖的阳光，熙和的春风，迎面扑来。那空气的清新，泥土的芳香，山含情水含笑，一个更好的自己在迎接我们。

别让自己的灵性之光消磨在琐事中

每一个人心中都有一种美好的憧憬，这个愿望可以大到报效祖国，服务社会，小到仅仅希望有一方快乐的小屋供自己休憩，有自己独处的时间安静地坐下捧读一本好书，也或者插着耳机把目光望向开满美丽鲜花的窗外。

但是随着时间的流逝，生活再也没有我们想象中的那么美好，琐碎的生活用厚厚的尘埃把人们心中的那块净土封闭了起来，让人们变得日渐迟钝。我们的灵性之光渐渐地被消磨。

中学时，小雪是一个天真烂漫、聪明伶俐的女孩子。皮肤白皙，身段苗条，长得很是惹人疼爱。不仅如此，她从小有一副好嗓子，每年的联欢会，她都是第一个出场，天籁之音令人嫉妒。高中时，她也自然成了很多男同学追求的对象，只不过在她的得体婉拒中，很多人望而却步。但在众多的追求者中，她也找了一个自己很心仪的对象。结婚时我们都羡慕得要死，认为他们的结合真是天作之合，一定会过上神仙眷侣般的生活。

后来大家因为忙碌，联系变少，不过我们互相都保留了联系方式，经常在微信群里面聊一聊。刚开始，小雪还是一如既往很活泼阳光，但是后来，她一下就销声匿迹了。同学们都很惊讶，四处打听，问了很多人才知道她的情况。原来，结婚以后，她很快有了一个女儿，只不过因为胎位不正，羊水早破，逼不得已，她选择了剖腹产，这次经历让她心有余悸，于是她就不打算再生孩子。但是小雪的婆婆不体谅她，而且还嫌弃她生的是个女孩。因此，婆婆经常给她冷眼相对，虽然丈夫很体谅他，但是要强的她感觉很委屈。因为这事，她脸上常常布满愁云。

本来这件事就够她难受了，偏偏丈夫又因为单位裁员下岗了，这无异于晴空霹雳。小两口没办法，在舅舅的帮助下，开了一家饭店，每天小两口早上五点起床，晚上忙完十一二点才关门。不仅要忙饭店，女儿上学成绩不好，她还要忙着辅导功课，照顾生活。

就这样，饭店里的烟熏火燎把她的皮肤熏得不再白皙，虽然才 30 岁，脸上却早已布满了细细的皱纹。原先细柔的嗓子，现在也因为招呼顾客而变得有点沙哑。

这样的变化，实在让人吃惊，生活因为一些事情很容易就把我们置换了。曾几何时，我们还以为小雪会站在那聚会的舞台上，一袭长裙，为我们倾情献唱。现在她却忙得连出来的见面的时间都没有。

柴米油盐，锅碗瓢盆，赚钱养家似乎很有魔力，这些细小琐碎的事情轻而易举就取代了我们原先给她编织的美好，把她囚禁在三点一线的圈子里。

“今天有点忙”“最近有点烦”“感觉自己很狼狈”，诸如此类的话语成了她的口头禅。

生活的艰辛不经意间就改变了我们。

我总是会试着理解小雪的生活，同时也会觉得惋惜。因为太轻而易举，就让生命的灵性之光被琐事淹没，活得忙碌不堪，捉襟见肘，神情萎靡，激情不再。

其实生活是需要诗意和激情的。

在学校里，除了每天在行色匆匆，奔波于宿舍食堂教室三点一线之外，除了忙碌于应付各种汇报和活动。我们应该有这样一段时光，静静地躺在草坪上，只有白云和鸟语相伴。我们应该有一段这样的时光，静静地坐在池塘边发呆，看水中欢快的鱼儿，和飘落在水面上自由漂荡的树叶。我们也应该有这样一段时间，斜靠在床上，就着昏暗的床头灯，捧着自己心爱的书，因里面催人泪下的情节而痛哭流涕。这些似乎很琐碎，但也饱含诗意。

工作中，除了天天伏案，除了忙着挤公交车奔波忙碌，我们应该在乏味的车程中，拿出耳机让自己的心灵和音乐有一次共鸣。我们应该在自己的办公桌上放上一盆绿色植物，精心呵护，静待它开花结果。也应该在闲暇之余，学着做一顿美食犒劳自己疲惫的身心。然后和相爱的人，静静地去公园走一走，看着夕阳渐渐褪去，感受微风拂面的惬意。这些似乎很简单但是饱含诗意。

其实，诗意的生活不需要刻意去寻找，也不需要放下一切世俗事务去浪迹天涯，只需要这样一种能力——身处琐碎的事务却不被日常事务所淹没，总能在不经意间抬头看一看天空，想一想远方。让梦想和自己总有一个在路上。

人们都说，真正懂得爱情的人是会经营爱情。

其实，生活也是如此，真正懂得生活的那些人总能够从平凡的日子中找到美好，让自己生活充满诗意。有的人会暂时放下手中枯燥烦琐的工作，把视线望向窗外，去看那淡雅的秋菊；会在疲倦劳累时，轻轻闭上眼睛，擦上耳机，听一曲悠扬的乐曲。会在心烦意乱时，静静地躺在一块草地上，侧耳倾听鸟鸣，花朵也在微风中浅唱低吟。

你不能左右天气，但你可以改变心情；你不能预知明天，但你可以把握今天。我们无法避免琐碎，但是可以去放逐心情，可以去诗意的捕捉那些快乐的瞬间，让我们的灵性之光重新焕发。

因此，请从这一刻学会，暂时放下手中的琐事，关掉电脑和手机，闭上眼睛调整呼吸，把脑子里让人烦躁的事情都一丝丝剥离，然后再睁开眼看一眼窗外的风景，想象一下城市之外的大地。

看绿树成荫，花开满地，流水潺潺，鸟声婉转，生命里的每一株草每一棵树都在等待着你，等你去寻找诗意的生活。

请记住，别让自己的灵性之光消磨在琐事中，让我们用生命的美好和诗意去唤醒灵魂深处的灵动和美丽。

让我们再次穿上青春的木屐，做一个精致优雅的人，读书看报，温润文雅；喝茶赏花，恬淡如菊；看云听雨，陶然自醉。

让我们的灵性之光永远绽放。

按照自己的意愿生活，是你给自己人生的一份大礼

近代有一位颇具传奇色彩的人物——李叔同，法号弘一法师。他曾经是经是五四新文化运动的先驱，是我国最早提倡话剧、最早研究油画，也是最早研究西方音乐的艺术教育家之一。时至今日，“长亭外，古道边，芳草碧连天”，这悠扬的曲调还萦绕在我们耳畔。然而，就是这样一个堪称全才的人，在名誉满身之后却如流星划过夜空，于 1918 年，斩断世情俗怨，从此芒鞋布衲，托钵空门，与青灯古佛相伴。

一个风华才子在人生的巅峰突然遁入空门，这样的人生转折，实在是让人琢磨不透。然而，当时间流转、岁月更迭，我仿佛读懂了李叔同的急流勇退。人生如戏，他不过是按照自己

的意愿生活，遵从内心，给自己一份人生大礼。

尹兰是我的表姐，因为和我年纪相仿，所以经常往来，她是我在家族最佩服的一个人。她的人生听起来令人羡慕，大学期间就凭着自己优异的成绩和积极向上的品质顺利入党。本来能够保研，她却放弃机会，靠着自己的才识和努力考上了公务员。后来，又有了一个与她同样优秀的帅气老公，他们“才子佳人”的婚姻当时羡煞许多人。

在城市里当了三年公务员后，表姐就和领导提出申请，要去造福农村，改变贫穷落后的面貌。当时，因为表姐工作表现突出，领导本不想同意，认为按她的能力，将来当个管理干部绰绰有余。但是表姐凭着自己的热忱和口才说服了领导，顺利当了村官。

表姐是一个在农村中长大的孩子，所以对农村有一份亲切感，但是她对那片土地也很生疏。因为她多年上学，对农村经济的发展知之甚少，这不足为奇。所以表姐初到那里是空有热情，没有经验，心有余而力不足。但是这并没有成为表姐的绊脚石，相反，它变成了表姐战胜困难的动力，激起了表姐更大的斗志。

为了自己快速成长，她自修农业相关课程，常常学习到深夜，坚持了半年，笔记写了满满六大本。除此之外，她还经常到山东考察，学习先进的蔬菜大棚技术。就这样一步步地，她积累了很多农业知识。等正式到村里面大范围推广蔬菜大棚种植技术时，村民们却打起了退堂鼓。有的村民担心自己半辈子的积蓄一下投入进去，血本无归，因为毕竟没有经验。还有的根本拿不出钱。没办法，尹兰姐召开村民大会，苦口婆心地做村民思想工作，不仅如此，她保证给乡亲们筹措资金，帮助没钱的农民盖大棚。

上帝不会辜负一个如此努力的人。很快，在表姐的带领下村民们的蔬菜大棚开始有了收益，农民尝到了甜头以后，更加坚定不移跟着表姐的脚步。表姐在此基础上，她又在给村名物色新的产业，打算开设蔬菜加工厂、罐头厂。

31岁那年，表姐再次全票当选村主任，而且被市里评为“十大杰出女青年”。可以说，表姐的人生真正达到了巅峰。光环、荣誉让人眼红。但是表姐并不骄傲，她说她要干出一番事业，不为名利。

还记得表姐当选为“十大杰出女青年”时，被邀请参加过一期电视节目。电视屏幕里的她温婉大方，谁曾想到这样一位柔弱的女子，拥有着一颗坚毅刚强的内心。她在电视节目里说的话我至今还记忆犹新：

“年轻最大的好处，就是没有包袱，我相信只要努力奇迹就会发生。只要觉得自己可以，按照自己的意愿生活，我们可以变身，成为任何人。”

按照自己的意愿生活，是你给自己的人生一份大礼。

真的，心中怀有梦想，坚持不懈，勤奋努力，这些就是人生走向成功的基本要素，也是给我们人生的一份大礼。这些要素，一旦具备并付诸行动，漫长生活里那幸福的点阵会逐渐密集起来，然后不断地升华。

这里不得不再提一下我的表姐，据说她已经有了新计划……她说，她的人生还不够精彩，她要给自己再来一份大礼。她还告诉我，前半生就算再美，后半生，也必须依靠智慧和本真去生活。

表姐的经历告诉我，人生一世，不过是一个又一个二十四小时的叠加，在宝贵的光阴里，我们必须明白自己的选择，遵从自己的意愿。

当现在的我说起过去，剥离掉娓娓道来的故事，当初每一个辗转迷惘的选择，都可使用归纳法清爽地分为四大要素：追求，痛苦，启迪，决定性瞬间。

当我读到王潇的《按自己的意愿过一生》时，我写下这样一段书摘：

让我们闭上眼想象自己的八十岁，皱，瘦，衣襟飘荡，精神抖擞，聊起来最好还是吃过见过的笃定。如果从那天回望，我们必须告诉现在的自己：“你的血是灼热的，一直都是！按自己的意愿过一生，因为你值得用一辈子去赢得做自己的权利。当你遇见煎熬，绝望，奇迹，战友，宿敌，你都别忘，这是你自己的意愿，你发了誓。”

“你都别忘，这是你自己的意愿，你发了誓。”这句话，我曾经在心里面默念了好几次。

其实我们我没有资格去评价一个人的人生目标，这些看上去和我们并无关系，但我很敬仰那些对自己的理想和内心深刻了解，并为之不懈努力奋斗的人。

人只有见识过若干种活法，见过若干种可能，才对自己身上拥有的无限可能具备想象力。

其实人的一生会有很多的机遇，也会有很多的选择。当有个人走进你的视线里，成了令你心动的风景时；当功名利禄来包围你，对你充满诱惑时。也许你在茫然失措时会选择去请教那些被岁月打磨充满人生智慧的智者。

但最好的办法，是我们不妨坐下来，喝一杯茶，和自己的内心做一次深度交流，明确自己内心的意愿，然后再决定去往何地。

千古人事相同，我们都跟随时光的流转去用心生活。走在人生花开的阡陌之中，我们不要辜负自己的内心，要勇敢地追求内心，按照自己的意愿生活，送给自己人生一份持久的大礼。

让我们的前行之路，时刻听到内心的响鼓，那是暮鼓晨钟般的呐喊，那是幸福的企盼。

人生的每一次重大决定，都是由心规划的，请跟随内心的轨迹，去走好人生的每一步。

第7辑

从容前行，
与自己相逢在人生更高处

人生只有一次，别在自己的故事里当配角

人生中只有一次，别在自己的故事里当配角。

丽丽的婚礼让人大跌眼镜，到场的宾客不多，婚礼现场着实有点冷清。好友们私下里议论不断，最让人想不通的是，丽丽结婚的对象，竟然是我们小学同学里最名不见经传的小海。小海上学时成绩一般，长相也很平庸，母亲早早过世，家境也并不优裕。丽丽就不一样了，小时候学习成绩一直是班里的火车头，家里面父母都是教师，经济条件优渥。当然，丽丽还是个美人胚子，从小到大都是男生狂热追求的对象。谁也没想到，丽丽会和小海走到一起。

同学们私下里调侃，这分明就是现实版的童话故事《癞蛤蟆和公主》。男生们都捂着胸口，大呼不公平，那羡慕嫉妒恨

的眼神犹如利剑，恨不能把小海扎死。

婚礼当天，丽丽一袭洁白的婚纱，毫无疑问地成了台上最耀眼的明星。但是光彩夺目的丽丽在舞台上也给足了小海面子，全程话语不多，举手投足间无不显露出一个小女人的温婉动人。亲戚朋友们一直都在台下听着新郎诉说未来感言、爱情历程等。那个舞台上，在新娘的帮衬下新郎小海出尽了风头。

现在该说一下两人结合的故事了。当初两人的结合，遭到了丽丽妈妈的强烈反对。在他们看来，小海只不过是丽丽万千追求对象中再平凡不过的一个了，这样的人，一抓一大把。但是丽丽执意嫁给小海，在和父母久久僵持不下时，丽丽甚至拿死来威胁她的父母。没办法，人心都是肉长的，父母终于妥协，甚至还资助小两口买了新房，置办婚礼。

这样的故事对我来说，好像是电视剧里才会出现的情节。但是，当我了解了丽丽在这场恋爱中付出的辛苦和努力，了解到她在人生最重要节点上的永不放弃的精神时，我十分感动。

丽丽让我看到了他们历尽艰辛的结合，他们在自己的爱情旅途中，做了自己的主角。

有些人，遇见就是一生，谁都替代不了。按照丽丽的话讲，或许，这就是她和小海终成眷属的原因。

丽丽的故事让我明白了那句话，人生只有一次，别在自己的故事里当配角。因为这世界从来没有感同身受，只是如人饮水冷暖自知罢了。

人们常常会有这样的困扰，有的人无论走到哪里，总感觉有公主光环；而有的人只是这辽阔星河的一颗星子，默默无闻，再普通不过。于是后者开始自卑，低落到尘埃里，自觉地去做配角，就像事先约定彩排的话剧一样。

其实我们大可不必，毕竟，人生如戏。

不可否认，我们在人生这场戏中，会时不时地充当配角，我们有时候需要端茶倒水，鞍前马后地伺候一个对你来说非常重要的客户；也可能会是人生舞台上一个普通的路人甲，站在这座城市抛物面上最不显眼的一个点上，但我们不需要悲伤。

我们在自认为充当配角的时候，其实也在充当着主角，会有人以我们为中心旋转，因我们的喜怒哀乐而或喜或悲。或者在某个不知名的角落，还有人在默默关注你，视你如珍似宝，爱你如命。

我们只需要知道，我们在人生中需要当好自己的主角。

人生只有一次，而你所谓的幸福也不会太花哨。我们在人生的旅途中，要忙着认识各种人，丰富生命，找寻自己人生的配角。而最有价值的遇见，一定是在某一瞬间，重遇了自己。因为，你的角色无法替代。那一刻我们会明白，人生的主角永远是自己。

尽管人生如戏，只有一次，当我们走过终将逝去的青春，山河易转，秋叶凋零，我们人生路上最浓墨重彩的是自己。所以，人生只有一次，别在自己的故事里当配角。

看到美景的最好方法，就是走得足够远

有一只淘气的小熊，看到前面青绿香甜的玉米，就高兴地前去摘取，后来见了美味的桃子，小熊又扔下玉米去摘桃子，路过西瓜地看到墨绿溜圆的西瓜，它又喜新厌旧，最后是丢桃瓜烂，竹篮打水……这就是妇孺皆知的小熊掰玉米的故事。故事里的小熊常常被家长们当成反面教材，来教育孩子做事不能因小失大，顾此失彼。

但是对于成年人的我来说，小熊也有值得欣赏的一面，我们不妨和另外一个故事对比，还记得井底之蛙的故事吗？一只青蛙看着微不足道的一片天空，竟然那么满足，它的愚蠢在于自己的狭隘和安逸。

我常常把两个故事对比，并自我反省，如果非让我做一个

选择，我宁愿做小熊。

丽丽是我认识的一个喜欢旅行的姑娘，她坚信没有旅行的人生是不完整的，所以她的大部分时间都在旅行。我和她仅仅是一面之缘，却给我留下了很深的印象。

那时，我在四川的一旅游小镇上，开着一家小饭馆，门口是一条宽阔的马路，来来往往的大部分是货车司机。

有一天，饭馆里来了一群骑行旅游的大学生，丽丽就在其中。他们一边吃饭一边讨论着下一站该去哪里，听上去似乎还有些意见不统一。大部分同学都感到旅途的疲乏，想回到城市里好好休整。唯独她和几个要好的男同学坚持要骑车去西藏的布达拉宫。

当时听到这个决定，我惊得张大了嘴巴，我没有想到这个看起来热情阳光却很瘦弱的女孩子竟然会决定骑车去西藏。好奇心驱使我进一步去刨根问底。原来，她老家远在大同，只不过她从小就有一个梦想，要学明代的徐霞客走遍中国的名山大川。这次趁着将近 50 天的暑假，她要从中国的北部骑车一直到达西藏。四川已经是他们跨越的第十三个省份了。

吃完饭临行前，我送给这群孩子们一件矿泉水。并且加了微信，我告诉他们，无论走到哪里报个平安，而且还提了个小小的请求。可以的话，让他们代替我去旅行。因为我喜欢旅行。

他们表示感谢的同时也答应了我的请求。我呵呵一笑，心里满是羡慕。

他们走后的几天里，我时不时地收到他们给我发来的平安语和沿途美丽的风景照。上面还专门配有“代替苏姐来旅行，第几站第几站”的字样。我感动得泪流不止，不仅仅是因为这群热情善良的孩子们，还因为那一颗渴望远行的心灵。

那些照片现在都挂在我的卧室里，下面配了丽丽临行前说的一句话：“看到美景的最好方法，就是走得足够远，我自信我可以带着我的心可以走得很远，让风和我做伴，去看波澜壮阔的大海，去看沿途美丽的风景。”

我也喜欢旅行，喜欢拿着相机去捕捉大自然的花开灿烂，草绿茵茵。只不过因为诸多原因，我最远也就到过乌镇。那是一段美好的回忆，至今，乌镇的美丽还时常在我眼前浮现。

明媚的流水，历经风雨长廊，光滑干净的青石路，散发着儒雅温润气息的民居，曲肠百折的幽深小径，水中激起一池涟漪的摇船，还有那些面积不大却精致异常的小店。华灯初上，桥下清澈的水倒映着桥上携手同行的情侣们。这些美景，让乌镇宛如一位临溪垂发、温婉如玉的恬淡女子，别有一番风味。

我还记得我发过誓，一定要站在埃菲尔铁塔上面，俯瞰眼前的巴黎。可是生活的牵绊令我停下了脚步，再也没能远行。这算得上一种遗憾。所以我请求丽丽去代替我一起前行，去看更多美丽的风景，让自己的内心多一份憧憬。

我始终都这样认为，看到美景的最好方法，就是走得足够远。毕竟心走得远，人生才能走得更远。

“在晴朗的黑夜里，仰望着满天的星斗，忘记一切，能去多远，就去多远。”

时光正暖，我们可以骑一辆单车，或者乘坐一列永不抵达的火车，一路不停去旅行。

其实看风景，也是人生一种功课。因为有些地方，此生是注定要去的，只有亲历了远方山水，让梦想成为现实，才不枉来人间走过一遭。

只有走得足够远，我们才能发现更多的美好。蓦然回首，那段简简单单的旅行，一个人，一个包，一条路，一段旅程，一种心情，没有任何束缚，亦没有丝毫羁绊。

也许前行的意义并不在于你在沿途中看了多少风景，也不在于你是否到达了梦想中的目的地，而是在于旅行中你那永不停止的脚步。

前行，看到美丽风景时，我们要提醒自己：不要停留，眼前的美好并不是终点。那些我们曾经到达并驻足停留的地方，也许在当时是我们心中最美的风景。但我们要知道，远方未远，前行的美景会更让人陶醉，毕竟前方的路永远充满了未知和美好。

其实，人生就是一场没有终点的旅行。我们一生下来便不停地向前奔跑，和时间竞争，和自己赛跑。当我们前行时，不经意间已经把生命和时间抛诸脑后，我们会因为不停地追逐而让内心得到充盈。

有时候，我们会有这样的想法。就这样一直简单地流浪，不停地前行，这也是一种生活的方式与状态吧！其中的寂静欢喜，安然于心，会让人很惬意。

那就让我们把每一次的前行都当成一次灵魂的释然与自我心灵的对话。我们要保持一颗永不满足的心，去不断地踏上新的旅途。

我们不奢求也不渴望能在人生的旅程中观赏多少名胜古迹，亭台楼阁，水榭歌台，只希望有一条能在脚下无限延伸的路。即使眼前是漫无边际的田野，我依然能微笑着陌上花开……

比看清多少事更重要的，是看轻多少事

比看清多少事更重要的，是看轻多少事。

我一直很喜欢这句话，也想把这句话奉为自己的人生圭臬，但是真到做时这并不容易。

佛家参禅说，人生有三重境界，依次为：看山是山，看水是水；看山不是山，看水不是水；看山还是山，看水还是水。

很多人听过这句话，却不能轻易参透其中的含义，而且可能好多人也正迷失在这云山雾绕之中。

大学好友薛慧是一个让我们敬佩的人，大学刚毕业，她就怀着一颗炽热的心，进入一家知名企业工作。她是 985 大学毕业的，学历背景没的说，人也长得漂亮，而且一口好文采。

从小父母总教导她要谦卑做人，初到公司，她也觉得自己很多方面都有待提升，所以每天都谦虚低调、勤勤恳恳，按时按量地完成领导交代的任务，同事们都很喜欢这个热情洋溢的女孩。在年终汇报中，她不俗的口才和大方的仪表让公司领导很是看好，年底奖金她比别人多得了五千元钱。

本来薛慧认为这是自己的努力而理所应当的，但是年后一上班原先对她很热情的人突然都对她很冷漠起来，一些闲言碎语像长了翅膀一样进入了她的耳朵，诸如“哼，凭什么呀，比我们多干了啊，就多领了那么奖金”“不就是仗着自己是个美人坯子吗，说不定……”这让薛慧很不安，也很苦恼，毕竟她实在想不出自己有什么地方做错了，就被扣上了各种各样的帽子，这对她来说真的是晴天霹雳。

这件事情让薛慧困扰了很长时间，心里承受了巨大的压力，常常是夜不能寐。因为疲倦，工作上也不免出现了失误。她的领导觉察到她的反常，把她叫到办公室，和她交流了一上午，了解了她的情况之后告诉了她的一句耐心寻味的话：“做好自己，顺其自然，要学会请教。”

薛慧是个聪明人，很快理解了其中的道理。此后自己有什么好的想法，总会和身边的同事先请教商量一下，做任何工作都尽量提升身边同事的参与度，这样大家不仅都愿意亲近这个始终勤奋热情的女孩，而且也越来越佩服这个能干的同事。

很快，薛慧就因工作业绩突出升职加薪，大家不仅没有原来的挖苦，反而都向她庆贺。

薛慧的经历也许算不上坎坷，但可以说是包含了这人生三种境界的全部内涵。

作为一个刚到社会磨炼的姑娘，她本着一颗热情善良的心去看待每个人。她怀着对这个世界的好奇与新鲜，对任何事物都用最本源的眼光来看待，“山就是山，水就是水”，对许多事情懵懵懂懂，却天真地相信所见到的就是最真实的，也把自己的人生教条带到职场上，固定不变地坚持着。

然而，职场上的现实并不是她想象的那么简单，多多少少会有磕磕绊绊，从而对自己有了怀疑和否定。因为她没意识到这个现实会有很多的诱惑，那些虚伪的面具之后可能隐藏着太多的潜规则，我们看到的并不一定是真实的，也许不过是自己一厢情愿构筑的天真童话罢了。

一切如雾里看花，如梦幻泡影。如露亦如电，山根本不是山，水也根本不是水，这样我们就会在现实里迷失方向，随之而来的是迷惑、彷徨、痛苦与挣扎，有的人就此沉沦在迷失的世界里。

“做好自己，顺其自然，要学会请教”，领导对于薛慧的安慰，其实是一种对于生活很高境界的解读。同样的工作环境，不同的人做事的方法并不相同，这方法里融入了对这个社会圈子的体会和思考，看似相同，其实仔细想来山远不是原来的山，水也远不是原来的水。这里面包含了生活的智慧和坦然，包含了对生活更深层次的相待，有了独特的内涵。

薛慧的经历其实在告诉我们，任何事情要学会看轻、看淡。倘若她不能体会领导对她的良言相劝，可能会一直处于同事对她的讽刺和嫉妒之中，她也不可能全身心地投入工作，去成为一个更好的自己。

我们不能否定的是，生活需要清醒自持。这也就意味着我们要看清自己，也要明白这个需要我们不断剖析揣摩，才能经营好的生活。当然这并不容易。

这世上总有许多执迷不悟的人，为了一份虚无缥缈的爱情去倾注深情，抛弃一切。却从来不知道，而那执着背后本身就是一个包含难以排遣寂寞的旅程，如果我们只是被其所扰，无法看清并忍受其间的冷酷与凉薄，我们会不由自主地迷失在别人为我们画好的圈子里，无法摆脱，身心俱疲。

所以，别忘了去看清的同时去看轻。看清容易看轻难。

本来无一物，何处惹尘埃？人生需要看清，需要一份安静的坦然，我们要学会去放下执念，放下身边的纷扰，也不要沉迷于那些令人心动的美好。生活是个大染缸，只有百味皆尝，方不负这仅有的一次人生。但是生活的奇妙之处不在于你经历多少，而在于我们看清多少。我们需要那一份简单坦然，需要看山是山、看水是水的智慧。我们应该把所有繁复的过程，当作一场简单的过往，把一切凡尘的荣辱，当作是云烟过眼。

人生如梦，难在舍得，难在看轻。我们要学会看轻一切，看轻曾经的伤痛，看轻这世界的参辰卯酉。看轻，让我们心灵不再受世俗的羁绊，让我们变得潇洒淡定，从容快乐。把紧锁的眉头舒展，让久违的笑声从心底传出，开开心心地生活。

看清人生，是人生的一种智慧。涉世历事，看轻自己，有所为，有所不为；有所争，有所不争；有所求，有所不求。

看轻多少事，也就意味着你的一种超然释怀，因为世事无常，说着说着就变了，听着听着就倦了，看着看着就厌了，跟着跟着就慢了，走着走着就散了，爱着爱着就淡了，想着想着就算了。

宠辱不惊，闲看庭前花开花落；去留无意，漫随天外云卷云舒。别忘了给自己一束久违的阳光，给自己一片明媚的微笑，给自己一片自信的洒脱。那些岁月沉淀下来的，不仅是美好的追求，也是对残缺的接纳。曾经难以忍受的羁绊，如今不过淡然一笑。

岁月给我们的考验，不仅是看清，更是看清后的成熟与超然。

尽管岁月蹁跹，或是涛声依旧，或是变化难料，但是我们终究需要在喧哗中看清，看轻，为内心找到一份宁静，找到一份归属，找到一份释然，找到一份本真。

放下过往的阴影，那些都是前行的负重

黎明时分，独自一个人立于阳台，耳边是呼啸而过的风，轻拂着我的脸庞，也轻掠过我心田，忽然想起那个曾在生命里驻扎过的人。

曾经海誓山盟说要白头偕老的人已经不在我的身边，徒留无尽的悲伤和悔恨。毕竟曾经的世界里，那个人是主角，但是现在的、将来的我，与他再无瓜葛。

也许我需要起身喝一杯茶，望着远方的大雁，告诉自己，放不下的、放得下的，终须放下。毕竟，那些过往的阴影，都是前行的负重。

表妹玲玲研究生毕业，今年29岁，身材苗条，明眸皓齿，人见人爱，在我老家县城里当公务员。

表妹的终身大事一直让我舅妈很苦恼，上门说亲的人都快踏破了家里的门槛，但无论多么优秀的男子，都入不了表妹的眼，要么是被友好地拒之门外，要么就是走过场的见见面，然后微信里被委婉拒绝。

刚开始，舅妈的苦口婆心还有效，表妹还象征性地去见一下相亲对象。时间一长，玲玲就像喝了免疫药水一样，油盐不进，谁的话也听不进去了。有一次，被舅妈逼急了，玲玲甚至还发出这辈子不结婚的毒誓。舅妈眼看着女儿马上成大龄剩女了，心急如焚，但也束手无策，只好向我求助。

于是，我就去和玲玲谈心，结果发现，原来她是放不下过去，放不下前男友。

玲玲拿出一个相册，她前男友的照片被她做成了别致的书笺，存放在一个古典雅逸的相册里，相册封面是两只翩然起舞的蝴蝶，色彩斑斓，很容易就让人想到梁祝化蝶的故事。

那年，男友张强对玲玲说过一个诗一样的誓言：玲，你是我的梦，甜蜜的梦，我要和你生死相依，永不分离。

我听着有些感动。那是个很唯美的誓言，在 23 岁，一个女孩子最好的青春年华里，那些纯美的相遇和爱恋，就在那个如诗的誓言里，永远地留在玲玲的心里。

玲玲继续和我说："张强说她是个甜腻少女，声音温柔，别有风情，张强最喜欢她我笑起来的样子，会看到两颗尖尖的虎牙，很是俏皮。"

谁知道他们的感情会那样戛然而止，张强获得了出国留学的机会，一去就是四年，四年太长了，玲玲终于忍受不了异地恋而分手，这么一段好的恋情输给了现实，让人叹息。

等玲玲再次看到翻出这张照片，是他们分手六年之后。六年，弹指一挥间，那些快乐幸福的往事早已被风干，记忆也变得漫漶，曾刻骨铭心的情节变得不再清晰，那张曾经最熟悉、最迷恋的脸庞也已模糊成雨季里车窗外萧瑟的风景。

人生啊，就是这样和我们开玩笑，事隔多年，物是人非，一切，那么熟悉却又陌生。

我问表妹："为什么不去开始一段新的感情？"表妹问我："姐姐，换了你，你能放得下吗？"

我一时木然。

我不再劝妹妹，心疼地看着她，原先那般的美好竟然成了妹妹的阴影。

临走前，我对表妹说："都交给时间吧，让未来带给你幸福，别让它来得太晚，放下过往的阴影，因为那些都是前行的负重。”

我后来喜欢上张爱玲，张爱玲说：“见了他，她变得很低很低，低到尘埃里。但她心里是欢喜的，从尘埃里开出花来。”

这话中的卑微，让人心疼。这世间，有多少不堪回首的爱恋，让人想起便会流泪不止。那些留给我们的阴影，只有放下，才能让人前行。

放下一件事，让人心静如水，太难了。

站在阳台上，望着天上那轮皎洁的月亮，同一片星空下，不知道世间有多少人也在同时仰望天际，看着那洒下来如练的月光？而在另一个空间，有人双手捧着一杯纯白的热牛奶，有风轻拂过发际，眼角边上的鱼尾纹，挤进了一丝微微的沧桑。她的心在隐隐作痛。

岁月更迭，我们总在不知不觉间经历着丢失与捡拾。这一路走来，已经失去的，终需要放下；错过了，就转身忘记这次遗憾。因为我们都曾年轻过。

虽然也会偶尔回忆起过去，在一些笛短箫长的时光里，忆起那曾住在心里的人，或温柔或粗野，那些浅淡的痕迹，并不足以阻碍我的现在和未来。

所以放下吧。放下过往的阴影，才能轻装上阵，步履轻快地前行。

不仅仅是爱情，世间的事皆是如此。

每个人，都曾遇到过这样那样的，让我们难以释怀的人和事。尽管岁月的车轮不停地轮转，可是，那些伤痛的感觉，依旧隐藏在层层伪装之下，挥之不去。不愿意提及，甚至不愿意想起。不知不觉，这累积在心中的悲伤，变成了你无法跨越的沟渠，成为内心的一道阴影。我们也会在某个不经意的瞬间，突然碰到那里，然后刺痛我们敏感的神经。

久而久之，那些一点点堆积起来的无法释怀和不甘心，就这样变成了我们内心的一座牢狱，它们烙下了某些悲伤的印记，麻痹了我们的神经，限制了我们的格局，禁锢着我们的自由，成为一种累赘，阻挡了我们负重前行的道路。

被过去阴影禁锢奴役的人，始终无法以一颗最大的心全然爱自己。当我们生活在过往的阴影中时，注定无法善待自己，也无法做出正确的选择，这无疑会阻碍我们拓展自己的生命能量，绽放自己新的生命热情与活力。

放下吧，让时间去见证和消磨这一刻，让所有过往的阴影成为我们的垫脚石。

今天的我们，需要重新直面往昔，与那些心灵的阴影宣告和解。我们要知道，对过去放手，你将更有力量更有希望，专注于我们生命价值的展现，内在无限能量的迸发，和你对未来生命美好憧憬的实现。

在这样的生活里，我们将更能享受生命的热情，生活的快乐和生命里的诸般美好！

记住，放下过往的阴影，那些都是前行的负重。

放下过往的阴影，我们将收获不一样的自我，不一样的未来。

能量的积累，来自你的认真笃定

我们灵魂能量的积累，来自我们的认真笃定。

人生就像一盘棋，有时举步维艰，有时一路畅通。有的人对待未来茫然无知，摇摆不定；有的人成竹在胸，笃定从容；有的人认真经营，一丝不苟；有的人得过且过，马马虎虎。

小敏和小菲是同一家公司的两个职员，两个人是从小玩到大形影不离的好闺密。她们的家境相仿，长得也都年轻漂亮，走在大路上，人们都以为是一对姐妹花。说来也巧，两人大学考了同一所学校，学的同一个专业，毕业后，两人一起进入同一家公司工作。

人们常说，近朱者赤，近墨者黑。但是两人的性格根本就是判若云泥。小敏干什么事情都特别认真，一旦决定的事情就是不撞南墙不回头，一定要完成。小菲对待工作就有点马虎，经常犹犹豫豫，效率很低。因为两人是好朋友，有时候小菲遇到些困难，小敏就会很热心地帮她解决。

小敏时常会提醒小菲“再认真点”，小菲总会打趣地说：“不是有你吗？”

小菲也会调侃小敏：“你决定的事情十头牛也拉不回来，我真服你了。你不是金牛座，我看啊，工作上你是摩羯座，工作狂，生活上你是处女座，一丝不苟，来来把你的糗事说一说？”

原来，有一次，公司要会见一位客户，可那天恰逢下大暴雨，老板因为航班延误，所以临时指派小敏去会谈。结果，因为雨势太大，小敏打不上出租车，见到客户时，小敏已经淋成了个落汤鸡。不管怎么样，客户倒是谈成了。小敏感慨生活不易的同时，拿手机自拍了一张自己被雨淋湿头发湿漉漉的照片，没想到被小菲知道了，小菲就抓住了小敏的“把柄”来当作笑谈。

两闺密打闹到一块，欢乐满满。

不久，公司人员调动，小敏和小菲分到了不同的科室。小敏工作还是顺风顺水，她工作总是未雨绸缪，因为干什么事情认真到极点，所以不久就被升职加薪。

小菲就没那么好过了，原来有事可以找小敏帮忙，可是现在小敏自顾不暇，根本帮不上她了。小菲因为粗心的毛病，做事经常是杂乱无章，顾此失彼，被领导批评了好多次，小菲也是经常感到委屈，经常找人哭诉。她的工作很不愉快，不久就辞职了。

其实，小菲不知道，小敏拍那张照片配了一段文字，“在风雨中也要做个舞者，没人为你打伞，那就自己做自己的菩萨，认真笃定是战胜困难的利器”。

微博看到过一个故事，两个女孩也是好朋友，一个成了幸福的宠儿，一个被生活折磨得遍体鳞伤。

思思谈恋爱时，男友家里面条件不好，但是她认准了男友的责任心和包容大度。尽管父母反对，但还是毅然决然地嫁给了男友。结果她赌对了，结婚后两人一起努力，男友包容有爱，工作积极努力，两人过得很幸福。

楠楠就没这么好运了，男友虽然有钱，但是比较花心，身边的朋友都劝楠楠停止与对方的交往，结果楠楠被爱情冲昏了头脑，最终醉倒在男友的甜言蜜语中。步入婚姻殿堂后，不久就发现丈夫有了婚外情，朋友们劝她早日离婚，远离这个满是是非的男人，可她总是犹犹豫豫，难以割舍。当断不断，反受其乱。不久，丈夫欠了赌债，经常在外躲避讨债，小菲在家多次被债主威逼恐吓，几近崩溃，家里也屡遭打砸。等到和丈夫离婚时，她已经被摧残得满脸皱纹，憔悴不堪，朋友们都为她惋惜。

是啊，生活越认真，越笃定，内心越丰盈，越肯定。

你对生活怎么样，生活就反馈给你怎么样的结果，生活是最公平的法官，不会偏袒任何人。

生活的好坏，幸福的指数，能量的积累，其实都掌控在自己的手中，看我们怎样去经营。而经营的法门就是认真笃定。

很多人都试图去靠近生活，理解人生。其实，人生并不是一个虚无的概念，它是认识自己，并且延伸自己人生功能和意义的美好过程。包括我们的事业、婚姻、家庭以及人际关系等内容。要想过好人生，提升自己的幸福指数，这就需要我们具备认真的态度，认真地阅读自己。

阅读自己，是对自己有一个清醒的认识，是与自己内心进行交流的过程，更是人性的自觉，阅读自己我们就能知道自己想要干什么，需要干什么。

然后，就是认真地经营自己，充实自己。每天早晨吃一顿美味的早餐，让自己有一个快乐的心情；每个下午看一本喜欢的书，让我们灵魂变得丰满有趣。

我们需要有一颗刻苦认真的心，去过好每天的二十四小时。

当然，我们也要认真地反思自己，我们需要让自己的心灵不断地改变，变得更加成熟。

当然这些过程需要我们用一颗笃定的心灵去经历，风雨无阻地去收获人生的幸福。

当我们从懵懂少女蜕变成有梦想，有激情，有思想的女性时，就会用一颗认真笃定的心去不停地找寻，未来的人生充满希望。

我们一路走，一路被辜负。但我们的脚步从不停歇，一路挥洒汗水，迎接挑战。

当我们面对爱情，我们认真笃定，终究会收获幸福；当我们面对工作，我们认真笃定，终究会收获鼓励。那所有的美好，都来源于我们的认真笃定。

其实，生活的每一项，都需要认真对待，而生活的每一个过程，都需要笃定的态度。

只要一直笃定下去，不管有多少人曾经嘲笑过你的固执、你的呆板，终有一天，他们会为你的笃定而赞不绝口。毕竟这个世界从来不会亏待任何一个笃定的人。

而我们人生能量的积累，来自我们持之以恒的认真笃定，只要我们保持认真的心态，笃定的态度，那我们的灵魂将积累很多能量，我们也将在幸福的路上越走越远。

正念的力量，能激发最大的潜力

这是三个真实的故事。

故事一：

1982 年，在乔治亚州的劳伦斯维尔，一位父亲和儿子出去旅游，结果发生了车祸，这位父亲情急之下，抬起了肇事车，将压在下面的儿子解救出来。

故事二：

一个三岁的孩子在火车停站时，钻到铁轨下玩耍，就在发车前的瞬间，母亲用她自己最快的速度将儿子从火车前救出，时间只用了 0.018 秒，比世界顶尖运动员的反应速度还快。

故事三：

一对出去旅行的父女高兴地踏上返航的轮船，父亲在削苹果时，因船身摇晃，刀子不幸插进心脏。父亲为了不让女儿担心，整整坚持了三天，直到妻子接到女儿时，才吐血而亡，很多专家都无法解释这一事件。

上面这三个故事，无一不在向我们传达一种真谛：爱的力量无限，正念的力量，能激发我们最大的潜力。

很多人不知道马拉松这项运动的来历。曾经，波斯人和雅典人在距离雅典不远的马拉松海边发生了一场战役，雅典人最终获得了胜利。为了让故乡人民尽快知道胜利的喜讯，统帅米勒狄派一个叫菲迪皮茨的士兵回去报信。为了让故乡人早知道好消息，他一个劲地快跑，当他跑到雅典时，已上气不接下气，激动地喊道："欢……乐吧，雅典人，我们……胜利了。"说完，他就倒在地上死了。

为了纪念这一事件，在1896年举行的现代第一届奥林匹克运动会上，设立了马拉松赛跑这个项目。

正是菲迪皮茨对于祖国的热爱，才用力去跑完那漫长的四十多公里路程，正是内心无限的正念，才激发了他最大的生命潜力。

以前看过一档节目，嘉宾是一个没有双臂的残疾女孩。但是这个无臂女孩凭借坚强的毅力，学会了用脚洗头、穿衣服，开瓶盖、做饭。这些画面看着让人心疼，但更多的是感动。镜头前，女孩儿对自己的母亲说：“我虽然没有翅膀，但是可以自由飞翔。”正是女孩对自己生命的渴望，对父母的体谅，才激发了自己无限的潜能。

这些事例都向我们宣扬着生命的真谛：“正念的力量，可以激发最大的潜能。”

什么叫正念？许多人都在寻找一个统一的答案。我觉得，正念就是以一颗平和的心态面对过往，能够以一颗阳光、自信、执着的心，活在当下，同时心怀美好的憧憬，准备迎接美好的明天。

很多人会怀念过去的日子，因为没有了当初的光彩夺目，只抓住眼前的幻灭而悔恨。很多人都会说，假如时光可以倒流，我会如何如何。

其实，青春是一本太仓促的书，让我们含着泪水，一读再读。漫漫长路上，会疲惫的不仅有腿，还有内心。我们要学着去明白生命中那些擦肩而过的瞬间。回忆起来的事情，或快乐，或伤心，或刻骨铭心，但都是永远难以忘怀的。

但是随着岁月的更迭，过往早已改变了它的模样，我们需要以一颗平淡的心去面对人生，笑看庭前花开花落。然后轻轻地告诉自己，没事了，从这里开始。

保持一个阳光快乐的心态，学会去欣赏自己，改善自己。欣赏自己，会让自己变得大度豁达，不再让情绪左右你。头脑清醒地去审视自己，把自己描绘成一幅画，在上面长出绿草红花，流水淙淙，山林幽幽，让阳光温柔地照亮这一方天地。告诉自己，你是一个能在自己的精神世界里自由行走的人，无论是富有还是贫穷，快乐与自信始终伴我们左右。

我们可以时常保持微笑，发自内心，无须伪装。保持“微笑”的心态，人生会更加美好。它让我们获得了一种很重要的修养，给我们自己一点亲切和鼓励。要知道真正懂得微笑的人，总是容易获得比别人更多的机会，总是容易取得成功。

我们要时刻保持自信，告诉自己我能行。自信是人生最好的名片，没有谁不希望跟一个乐观向上的人携手同行。自信能给自己一种信心，也能给别人一种信心，从而更好地激发潜能。

生活不只是眼前的苟且，还有诗和远方。我们要对远方充满向往，怀有憧憬。

人生的风景，各有不同，近了，远了，来了，去了，皆是寻常。人生最美是内心的淡定和从容，是当下一颗温婉善良的内心，不抱怨不放弃的恒心。是远方未远，永远追逐的人生。

我们的人生，不仅仅是一个自我的个体，更是一个家庭，一个社会的组成部分，我们需要保持正念，内心拥有一份责任，去需要承担社会和家庭责任。在责任之外，我们去追求更高的精神境界，追求更加理想完美的自我，追求内心播种的愿望。

人生就是一场抵达，总有美好让你驻足，总有远方给你希望，总有未来值得期许，总有一些潜能让我们挖掘和开发。

人生有千万条路，我们一直在路上，洒下汗水，浇灌希望，尽管这一路上会有这样和那样的不如意，我们依然坚信，远方一定会有我们想要的幸福。

我们也将手握正念的花朵，让它开在我们的心间，开在人生的每一段旅程，开在这个美好世界的天涯海角。让世界花开满地，让人齿颊留香。

我们要心怀正念，去自己能激发最大的潜力。让我们跟随正念的力量，去激发我们那的潜能，去寻找爱，寻找生命新的意义，让我们的生命因为正念而开发无限的潜力，让我们的生命拥有更广阔的自由天空，让我们的生命更开放包容、更丰富多彩、更有弹性张力、更温婉动人，也更有力量。

我心柔软，却有力量；我心正念，潜力无限。

一花一世界，在你自己的全世界盛放

小和尚：师傅，佛经里说的一花一世界是什么意思？

师傅：寻常事物，参透了一朵花也是一个世界，对你来说，只是一朵花，对蜜蜂来说其实是一个世界。

小和尚：一花一世界，我要做一朵花，在我的全世界盛放。

师傅：阿弥陀佛……

一花一世界，在你自己的全世界盛放，这是对自己最好的奖励。

张晓雨是我们大学同学，不过我们都叫她小鱼。因为大学里表演话剧《美人鱼》而得名，而且雨和鱼谐音。小鱼是个嘻哈女，阳光率真，时时刻刻都在笑，因为其与生俱来的表演天分。走到哪里，都会给大家热情地表演一番，总能把我们逗得喜笑颜开。

不过，这几天，小鱼再也不欢闹了。她的人生遇到了电视剧一般狗血的剧情，她的大学男友另寻新欢把她给甩了。分手理由是小鱼太不稳重，男友想找那种温婉而又小鸟依人的类型。其实大家心里都明白，小鱼身高一米六五，很清瘦，身材算迷人了。两人谈恋爱期间，小鱼对她男友是百般恩宠，时常自己做美食带给男友，大冬天亲手给男友织围巾。总之，宠爱的花样让人眼红得要死，可就是这样一个女孩子最终还是被人抛弃了。害得小鱼每天闷闷不乐，差点抑郁了。

身边好多朋友也是看着心疼，纷纷劝小鱼，什么“天涯何处无芳草，不要一棵树上吊死”，此类的话语都要把小鱼的耳朵磨出茧子了。小鱼也很理智，她知道这样下去不好，就跟着闺密们去看电影，去疯玩，但是效果都不明显。小鱼常常看着看着就哭了。朋友们也束手无策，不知该如何劝慰。

就这样过了几天，小鱼又突然大变样了，时不时，画个淡妆，抹点口红，我们看了都不由得心生爱慕。这不，她又重新出现在学校的话剧舞台上，这一次她一袭长裙，裙袂飘飘，扮演的是一位公主，她的笑容迷倒了台下许多观众。

同学们都很疑惑，问小鱼，是谁帮助她打开了心结，小鱼莞尔一笑："嘿嘿，是辅导员张老师告诉我的，她给我讲了她原来失恋的经历。她的方法，就是让自己变得更好，更美，变成一朵花，在自己的世界里盛开。"同学们恍然大悟，都被这位睿智的辅导员所折服。后来，我们还专门在班里开了一次失恋总结会，班长还进行了总结并在学校贴吧推广，一时间辅导员名声大噪。

五个月之后，小鱼再次收获了自己的爱情。

时至今日，辅导员说的那句话还时常萦绕在耳畔。让自己变得更好，更美，变成一朵花，在自己的世界里盛开。后来，我将这句经典的话改编成了自己的座右铭——"一花一世界，在你自己的全世界盛放"。

我们常常要回忆青春，青春岁月里的相逢，是那么神秘，不可捉摸，不需要任何约定，仿佛上天注定，只需要一次偶然的擦肩，或者图书馆里的一次邂逅都可能让我们结下一段缘分，收获一份感情。

我们都有过自由烂漫的花样年华，曾为某个喜欢的人倾尽所有的激情，对着高山大海，许下那山盟海誓；也曾幻想着与某个人私订终身，白头偕老。

"山无棱，天地合，乃敢与君绝！"也曾自以为是情种，走过一段轰轰烈烈缠绵悱恻的爱情历程，才发觉过往的山盟海誓，只是一场青春的玩笑，根本不值一谈。

途经别人的盛放，别忘了把自己开成一朵花，一花一世界。

可以做一朵玫瑰，满是火红火红的热情，高贵大方，开在自己的世界里；可以做一丛菊花，风姿绰约，羞羞答答，不经意地烂漫了整个山头，烂漫自己的世界。可以做一朵含羞草，朴实自然，不争不羡，静静地盛开，盛开在自己的世界里。

一直很喜欢这句话：“我希望有个如你一般的人，如山间清爽的风，如古城温暖的光；从清晨到夜晚，由山野到书房，一切都没有关系，只要最后是你，就好！”

曾经的自己，幼稚，不成熟，为赋新词强说愁，甚至痛苦以为自己是世界上最悲哀的人，人生一度跌进谷底。

其实我们不必担心，经过岁月的打磨，时光的洗礼，我们慢慢地会变成一个虔诚善良的人。

不知不觉，我们就成了最好的自己，开出一朵花来。从自己的全世界路过，从一路烟花冷到一路繁花落，我们那独一无二的经历会教给我们美好，有成熟，也有自信，那些会让我们在生活的大染缸里，滋养到饱满。以后，无论是狂风暴雨我们自己都能坚持一路向阳。留给自己太多感悟，留给自己太多成长，让自己成为更好的自己，成为自己期待的模样。

一花一世界，在我们的全世界里盛放，那时你会发现，自己的天空，更辽阔宽广，鸟儿在歌唱，万物皆在成长。

图书在版编目（CIP）数据

与自己相逢在人生更高处 / 苏婉婷著.—北京：中国工人出版社，2019.7
ISBN 978-7-5008-7211-5

Ⅰ. ①与… Ⅱ. ①苏… Ⅲ. ①心理学－通俗读物 Ⅳ. ①B84-49

中国版本图书馆CIP数据核字（2019）第116683号

与自己相逢在人生更高处

出 版 人 王娇萍
责任编辑 王 宁
责任印制 黄 丽
出版发行 中国工人出版社
地　　址 北京市东城区鼓楼外大街45号 邮编：100120
网　　址 http://www.wp-china.com
电　　话 （010）62005043（总编室） （010）62005039（印制管理中心）
（010）62379038（社科文艺分社）
发行热线 （010）62005049 （010）62005042（传真）
经　　销 各地书店
印　　刷 天津嘉恒印务有限公司
开　　本 880毫米×1230毫米 1/32
印　　张 7.75 彩插：0.25
字　　数 145千字
版　　次 2019年8月第1版 2019年8月第1次印刷
定　　价 39.80元
